工程质量安全手册(试行)实施指南

刘 涛 高红伟 编著

黄 河 水 利 出 版 社
·郑 州·

内 容 提 要

本书以住房和城乡建设部2018年发布的《工程质量安全手册(试行)》为基础,结合工程实际,细化有关要求,制定简洁明了、要求明确的实施指南。全书共分6章,包括总则、行为准则、房屋建筑工程实体质量控制、市政基础设施工程实体质量控制、安全生产现场控制、质量安全管理资料等。本书进一步补充和细化了各项工程对质量、安全的要求和做法,涵盖房屋建筑和市政工程施工全过程的质量安全管理,意在促进行业、企业高度重视质量安全,指导质量安全手册内容具体实施。

本书适合从事房屋建筑工程和市政基础设施工程建设的施工、监理等技术人员阅读参考,也可作为房屋建筑工程和市政基础设施工程行业在岗职工技术培训的教材。

图书在版编目(CIP)数据

工程质量安全手册(试行)实施指南/刘涛,高红伟编著.—郑州:黄河水利出版社,2023.5

ISBN 978-7-5509-3580-8

Ⅰ.①工… Ⅱ.①刘…②高… Ⅲ.①建筑工程-安全管理-手册②建筑工程-工程质量-质量管理-手册 Ⅳ.①TU714-62

中国国家版本馆 CIP 数据核字(2023)第094843号

组稿编辑:王路平　电话:0371-66022212　E-mail:hhslwlp@126.com

田丽萍　66025553　912810592@qq.com

出 版 社:黄河水利出版社　网址:www.yrcp.com

地址:河南省郑州市顺河路黄委会综合楼14层　邮政编码:450003

发行单位:黄河水利出版社

发行部电话:0371-66026940、66020550、66028024、66022620(传真)

E-mail:hhslcbs@126.com

承印单位:河南博之雅印务有限公司

开本:890 mm×1 240 mm　1/32

印张:5.5

字数:160千字

版次:2023年5月第1版　印次:2023年5月第1次印刷

定价:48.00元

前言

为深入开展工程质量安全提升行动、保证工程质量安全、提高人民群众满意度、推动建筑业高质量发展,住房和城乡建设部制定了《工程质量安全手册(试行)》,全面地总结了工程质量安全各方面的实施要点,是企业做好质量安全管理工作的基础要求,也是住房和城乡建设主管部门开展质量安全监督管理的重要抓手。

《工程质量安全手册(试行)》的试行进一步说明了国家对建筑领域监管的程度进一步加强:加大建筑业改革闭环管理力度,促进建筑业高质量发展;加大危大工程管理力度,采取强有力手段,确保“方案到位、投入到位、措施到位”,也能更加有效地遏制较大及以上安全事故发生。

本书以《工程质量安全手册(试行)》为基础,共分6章,包括总则、行为准则、房屋建筑工程实体质量控制、市政基础设施工程实体质量控制、安全生产现场控制、质量安全管理资料等。本书进一步补充和细化了各项工程对质量、安全的要求和做法,涵盖房屋建筑和市政工程施工全过程的质量安全管理,意在促进行业、企业高度重视质量安全,指导质量安全手册内容的具体实施。

本书由刘涛、高红伟编著。其中:第1章、第2章、第3章和第6章由刘涛编著,第4章和第5章由高红伟编著。

本书在编写过程中参考了河南、安徽、河北等省级住房和城乡建设主管部门编制的工程质量安全手册实施细则,在此一并表示衷心的感谢!

由于编者知识、阅历、经验、能力水平有限,加之编写仓促,在理解和阐述中一定不够全面,可能存有不足之处,欢迎广大读者批评指正!您的宝贵意见(反馈邮箱:21962402@ qq. com),我们将虚心接受并努力学习,以便我们不断改进。

作　者

2023 年 2 月

目 录

第1章 总 则

1.1 目 的

完善企业质量安全管理体系,规范企业质量安全行为,强化责任,落实《工程质量安全手册(试行)》具体要求,着力构建工程质量安全提升长效机制,全面提升质量安全管理水平,保证工程质量安全,特编制此指南。

1.2 编制依据

1.2.1 法律法规

1 《中华人民共和国建筑法》。

2 《中华人民共和国安全生产法》。

3 《中华人民共和国特种设备安全法》。

4 《建设工程质量管理条例》(国务院令第279号)。

5 《建设工程勘察设计管理条例》(国务院令第293号公布,第662号修正)。

6 《建设工程安全生产管理条例》(国务院令第393号)。

7 《特种设备安全监察条例》(国务院令第373号)。

8 《安全生产许可证条例》(国务院令第397号公布,第653号修正)。

9 《生产安全事故报告和调查处理条例》(国务院令第493号)。

10 《生产安全事故应急条例》(国务院令第708号)。

1.2.2 部门规章

1 《房屋建筑和市政基础设施工程施工图设计文件审查管理办法》(住房和城乡建设部令第13号)。

2 《建筑工程施工许可管理办法》(住房和城乡建设部令第18号)。

3 《建设工程质量检测管理办法》(建设部令第141号)。

4 《房屋建筑和市政基础设施工程质量监督管理规定》(住房和城乡建设部令第5号)。

5 《房屋建筑和市政基础设施工程竣工验收备案管理办法》(住房和城乡建设部令第2号)。

6 《房屋建筑工程质量保修办法》(建设部令第80号)。

7 《建筑施工企业安全生产许可证管理规定》(建设部令第128号)。

8 《建筑起重机械安全监督管理规定》(建设部令第166号)。

9 《建筑施工企业主要负责人、项目负责人和专职安全生产管理人员安全生产管理规定》(住房和城乡建设部令第17号)。

10 《危险性较大的分部分项工程安全管理规定》(住房和城乡建设部令第37号)。

11 《工程质量安全手册(试行)》(建质〔2018〕95号)。

1.2.3 有关规范性文件,有关工程建设标准、规范。

1.3 适用范围

本指南适用于房屋建筑和市政基础设施工程,用于规范企业及项目质量安全行为、提升质量安全管理水平。其他工程可参考本指南实施。

除执行本指南外,还应执行国家、省工程建设相关法律法规、部门规章、规范性文件和工程建设标准规范。

各项目(单位)可在本指南的基础上,结合实际制定针对性、可操作性强的实施方案。

第 2 章　行为准则

2.1　基本要求

2.1.1　从事工程建设活动,必须严格执行基本建设程序和工程质量安全相关法律、法规及工程建设标准,坚持先勘察、后设计、再施工的原则,保证建设工程质量安全。

2.1.2　建设、勘察、设计、施工、监理、检测等单位依法对工程质量安全负责。

2.1.3　勘察、设计、施工、监理、检测等单位应当依法取得资质证书,并在其资质等级许可的范围内从事建设工程活动。施工单位应当取得安全生产许可证。

2.1.4　工程质量实行质量终身责任制。建设、勘察、设计、施工、监理等单位的法定代表人应当签署授权委托书,明确各自工程项目负责人。

1　项目负责人应当签署工程质量终身责任承诺书。

2　法定代表人、项目负责人应当在工程设计使用年限内对其造成的工程质量问题承担相应责任。

3　建设工程竣工验收合格后,建设单位应当在建筑物明显部位设置永久性标牌,载明建设、勘察、设计、施工、监理单位名称和项目负责人姓名。

2.1.5　从事工程建设活动的专业技术人员应当在注册许可范围和聘用单位业务范围内从业,对签署技术文件的真实性和准确性负责,依法承担质量安全责任。

1　建设单位项目负责人对工程质量承担全面责任,不得违法发包、肢解发包,不得以任何理由要求勘察、设计、施工、监理单位违反法律法规和工程建设标准,降低工程质量,其违法违规或不当行为造成工程质量事故或质量问题应当承担责任。

2 勘察、设计单位项目负责人应当保证勘察设计文件符合法律法规和工程建设强制性标准的要求,对由勘察、设计导致的工程质量事故或质量问题承担责任。

3 施工单位项目经理应当按照经审查合格的施工图设计文件和施工技术标准进行施工,对由施工导致的工程质量事故或质量问题承担责任。

4 监理单位总监理工程师应当按照法律法规、有关技术标准、设计文件和工程承包合同进行监理,对施工质量承担监理责任。

2.1.6 施工企业主要负责人、项目负责人及专职安全生产管理人员(以下简称"安管人员")应当取得安全生产考核合格证书。

2.1.7 工程一线作业人员应当按照相关行业职业标准和规定经培训考核合格,特种作业人员应当取得特种作业操作资格证书。工程建设有关单位应当建立健全一线作业人员的职业教育、培训制度,定期开展职业技能培训。

工程一线建筑工人的管理应该按照建筑工人实名制管理办法执行。

2.1.8 建设、勘察、设计、施工、监理、检测等单位应当建立完善危险性较大的分部分项工程管理责任制,落实安全管理责任,严格按照相关规定实施危险性较大的分部分项工程清单管理、专项施工方案编制及论证、现场安全管理等。

2.1.9 建设、勘察、设计、施工、监理等单位法定代表人和项目负责人应当加强工程项目安全生产管理,依法对安全生产事故和隐患承担相应责任。

2.1.10 建设、勘察、设计、施工、监理等单位应按规定要求进行检验批、分部分项等工程验收。工程完工后,建设单位应当组织勘察、设计、施工、监理等有关单位进行竣工验收。工程竣工验收合格后,方可交付使用。

2.1.11 工程建设过程中产生结构安全、重要使用功能等方面的质量缺陷或发生生产安全事故的,建设、施工、监理单位应当立即采取措施,防止损失扩大,并按规定及时向当地住房和城乡建设主管部门及有关部门报告。

2.1.12　建设、施工、监理等单位应及时收集整理工程资料,工程资料应与工程建设过程同步形成,资料内容必须真实、准确、完整、签字齐全,真实反映建筑工程的建设情况和实体质量。

2.1.13　工程建设过程中,建设、施工、监理单位应按国家和地方相关规定推行工程质量安全管理标准化。

2.1.14　工程建设过程中,建设、施工、监理等单位应按国家和地方相关规定做好扬尘污染防治工作。

2.1.15　鼓励建设、勘察、设计、施工、监理等单位采用先进的科学技术和管理方法,提高工程质量和安全生产水平。

2.2　质量行为要求

2.2.1　建设单位

1　建设单位对工程质量负首要责任。建设单位为工程质量第一责任人,依法对工程质量承担全面责任。建设单位应健全工程项目质量管理体系,落实工程质量责任制,对工程建设各阶段实施质量管理,督促工程有关单位和人员落实质量责任。

2　应依法委托具有相应资质等级的勘察、设计、施工图审查、施工、监理、检测、监测等单位承担建设工程相关业务,依法签订合同并应明确质量、安全标准和责任。

3　开工前,按规定办理工程质量监督手续,工程质量监督手续与建设工程施工许可证合并办理。

4　不得违法发包、肢解发包工程。

(1)建设单位不得将工程发包给个人及不具有相应资质的单位。

(2)建设单位应当依法进行招标并按照法定招标程序发包。

(3)建设单位不得设置不合理的招标投标条件,限制、排斥潜在投标人或者投标人。

(4)建设单位不得将一个单位工程的施工分解成若干部分发包给

不同的施工总承包或专业承包单位。

5　不得任意压缩合理工期。因极端恶劣天气等不可抗力及重污染天气、重大活动保障等原因停工的,应给予合理的工期补偿。

6　按规定委托具有相应资质的检测机构进行检测工作。

(1)质量检测业务,应由工程项目建设单位委托,且检测机构应具有相应资质,委托方与被委托方应当签订书面合同。

(2)非建设单位委托检测的,只作为企业内部质量保证措施,其检测报告一律不得作为工程质量验收、评价和鉴定的依据。

7　对施工图设计文件报审图机构审查,审查合格后方可使用。施工图设计文件未经审查批准的,不得使用。

(1)建设单位自主选择与建设规模相符合的审查机构,签订委托审查合同,委托开展审查业务。但审查机构不得与所审查项目的建设单位、勘察设计企业有隶属关系或者其他利害关系。

(2)严格落实施工图设计文件审查制度,施工图审查机构审查发现问题的,设计单位必须修改施工图设计文件,严禁以设计变更代替原图修改。

(3)审查不合格的,审查机构应当将施工图退回建设单位,并出具审查意见告知书,说明不合格原因,并留存相关材料备查。

8　工程变更程序应符合相关规定,对有重大修改、变动的工程勘察报告、施工图设计文件应当重新进行报审,审查合格后方可使用。

(1)任何单位或者个人不得擅自修改审查合格的施工图,确需修改的,建设单位应当将修改后的施工图送原审查机构审查。

(2)严格执行重大设计变更文件审查制度,涉及地基基础与主体结构安全、消防安全和建筑节能保温的设计变更,建设单位应当委托原施工图审查机构进行审查,审查合格后,方可组织施工。

9　提供给监理单位、施工单位经审查合格的施工图纸,组织图纸会审、设计交底工作。

(1)建设单位组织监理单位、施工单位等相关人员进行图纸会审,在会审前整理出会审问题清单,由建设单位在设计交底前约定的时间提交设计单位,图纸会审记录由施工单位整理,与会各方会签。

(2)在建设单位主持下,由设计单位向各施工单位(土建施工单位与各设备专业施工单位)、监理单位及建设单位进行设计交底,主要交代工程的功能与特点、设计意图与施工过程控制要求等。

10 按合同约定由建设单位采购的建筑材料、建筑构配件和设备的质量应符合设计和规范要求。

(1)所使用的建筑材料、建筑构配件、设备、预拌混凝土、预拌砂浆和预拌沥青混凝土应当符合国家和省有关标准,有产品出厂质量证明文件和产品使用说明书。

(2)对建筑材料、建筑构配件、预拌混凝土、预拌砂浆和预拌沥青混凝土等进行现场取样,并送建设单位委托的检测机构进行检测。未经检测或者经检测不合格的,不得使用。

(3)应接受建设工程质量监督管理机构依法抽查建筑材料、建筑构配件和设备的质量。

11 不得指定应由承包单位采购的建筑材料、建筑构配件和设备,或者指定生产厂、供应商。不得明示或者暗示施工单位使用不合格的材料、构配件和设备。

12 按合同约定及时支付工程款。

13 组织并参与工程质量事故的调查处理。组织并参与质量问题投诉和保修期内工程质量问题的处理。

14 不得将不合格工程按合格验收。不得将未经验收或验收不合格的工程擅自交付使用。

15 住宅工程竣工验收前,建设单位应当组织施工、监理等有关单位进行分户验收。分户验收不合格的不得进行竣工验收。

16 工程竣工时,应当按规定设置质量责任制永久性标识牌。工程竣工验收后应及时办理备案手续,按规定收集、整理、移交建设项目档案资料。

2.2.2 勘察、设计单位

1 勘察单位对工程勘察质量负责。勘察单位应当按照法律法规和工程建设强制性标准开展勘察工作,提供的地质、测量、水文等勘察资料应当真实、准确、完整,签署齐全。

2 设计单位对工程设计质量负责。设计单位应当按照法律法规和工程建设强制性标准开展设计工作,保证设计质量。

3 在工程施工前,勘察、设计单位应就审查合格的施工图设计文件向施工单位和监理单位做出详细说明。

4 设计单位出具的设计文件应当满足设计深度要求,对住宅工程应当提出质量常见问题防治重点和措施。

5 设计单位在设计文件中不得选用国家和地方禁止使用的建筑材料、建筑构配件和设备;除有特殊要求的建筑材料、专用设备、工艺生产线等外,不得指定生产或者供应单位。

6 及时解决施工过程中与勘察、设计有关的问题,参与工程质量问题和质量事故调查分析,并对因勘察、设计原因造成的质量问题和质量事故提出相应的技术处理方案。

7 勘察、设计变更程序应符合相关规定,勘察、设计单位对变更的勘察、设计文件承担相应责任。勘察、设计单位在竣工验收时,应对勘察、设计变更情况进行确认。

8 按规定参与施工验槽、重要分部(子分部)质量验收及竣工验收。

2.2.3 施工单位

1 施工单位对工程的施工质量负责。施工单位不得违法分包、转包工程。

(1)施工单位不得将其承包的工程分包给个人或不具备相应资质的单位;专业分包单位不得将其承包的专业工程中非劳务作业部分再分包;专业作业承包人不得将其承包的劳务再分包。

(2)施工单位不得将其承包的全部工程转给其他单位(包括母公司承接建筑工程后将所承接工程交由具有独立法人资格的子公司施工的情形)或个人施工。

(3)施工单位不得将其承包的全部工程肢解以后,以分包的名义分别转给其他单位或个人施工。

(4)施工总承包单位或专业承包单位应派驻项目负责人、技术负责人、质量管理负责人、安全管理负责人等主要管理人员,派驻人员应与施工单位订立劳动合同且应建立劳动工资和社会养老保险关系，派驻的项目负责人应对该工程的施工活动进行组织管理。

(5)应由施工单位负责采购的主要建筑材料、构配件及工程设备或租赁的施工机械设备，不得由其他单位或个人采购、租赁，施工单位应提供有关采购、租赁合同及发票等证明。

(6)施工单位不得通过采取合作、联营、个人承包等形式或名义，直接或变相将其承包的全部工程转给其他单位或个人施工。

(7)除建设单位依约作为发包单位外，专业工程或专业作业的发包单位应是该工程的施工总承包或专业承包单位。

2　项目经理资格应符合要求，并到岗履职。项目经理的变更手续应合规、齐全。

3　设置质量管理机构，按有关规定及合同约定配备技术负责人、专职质量员等专业管理人员。建立健全项目质量管理体系和制度，明确质量职责。

4　编制施工组织设计和施工方案，报总监理工程师审批后组织实施。

(1)施工单位应在施工前按照有关规定编制施工组织设计和施工方案。施工组织设计应由项目负责人主持编制。施工方案应当由施工总承包单位组织编制，专项工程实行分包的，施工方案可以由相关专业分包单位组织编制。

(2)施工组织总设计应由总承包单位技术负责人审批；单位工程施工组织设计应由施工单位技术负责人或技术负责人授权的技术人员审批。

(3)施工方案应由项目技术负责人审批。重点、难点分部(分项)工程和专项工程施工方案应由施工单位技术部门组织相关专家评审，施工单位技术负责人批准。

(4)施工组织设计、施工方案经过监理单位、建设单位审批后，由施工技术管理人员向施工作业人员进行交底，并组织实施。

5　按规定进行技术交底。

(1)应按分项工程实施三级技术交底。企业技术负责人对项目技术负责人进行技术交底,项目技术负责人对项目部管理人员进行技术交底,施工员对班组进行技术交底。

(2)技术交底的内容应包括适用范围、施工准备、施工工艺、质量标准、质量保证措施、安全保证措施等内容。

6 配备齐全该项目涉及的设计图集、施工规范及相关标准。

7 由建设单位委托见证取样检测的建筑材料、建筑构配件和设备等,未经监理单位见证取样并经检验合格的,不得擅自使用。

8 按规定由施工单位负责进行进场检验的建筑材料、建筑构配件和设备,检验应当有书面记录和专人签字,并报监理单位审查,未经监理单位审查合格的不得擅自使用。

9 严格按审查合格的施工图设计文件和施工技术标准进行施工,不得擅自修改设计文件。

10 严格按施工技术标准进行施工。主要分部分项工程施工前或新工艺、新技术、新材料、新设备应用前,应按规定进行技术交底,并形成书面记录。

11 做好各类施工记录,实时记录施工过程质量管理的内容,与工程建设进度同步,并确保真实、准确和完整。

12 严格工序管理和质量检验制度,按规定做好隐蔽工程质量检查和记录,验收合格后方可继续施工。

13 按规定做好检验批、分项工程、分部工程的质量报验工作,工程验收应形成记录。

14 按规定及时处理质量问题和质量事故,做好并保存相关记录。对发现的质量问题应制定切实可行的整改措施,组织施工人员及时处理,并形成质量问题处理方案报告建设、监理单位。

发生工程质量事故后应及时向当地住房和城乡建设主管部门和其他有关部门报告,法定代表人或其委托人(持法人委托书)和相关责任人应立即到现场组织抢险救援、保护现场,并按规定的程序进行质量事故处理。

15 实施样板引路制度,设置实体样板和工序样板。可采用实物、图片或视频形式展示。样板的施工工艺应符合设计、施工和质量验收规范要求;样板实物自检合格后,应报监理工程师或建设单位代表(必要时包括设计人员)验收。

16　按规定处置不合格试验报告。当收到不合格试验报告信息时,应立即停止不合格情况所涉及工程部位施工,会同建设、监理单位按规定对事项进行分析、检测、处理。

2.2.4　监理单位

1　监理单位对监理工作负责。应当在工程施工现场设立项目监理机构,按照法律法规、工程建设标准、建设工程监理合同和施工图设计文件对工程质量实施监理。

2　总监理工程师资格应符合要求,并到岗履职;应根据有关规定及合同约定配备与工程项目规模、特点和技术难度相适应的具备资格的监理人员,且到岗履职。

3　编制并实施监理规划。监理规划应在签订建设工程监理合同及收到工程设计文件后由总监理工程师主持编制,报监理单位技术负责人审批,并在召开第一次工地会议前报送建设单位。

在实施过程中,实际情况或条件发生变化而需要调整监理规划时,应由总监理工程师组织专业监理工程师修改,并经监理单位技术负责人批准后报建设单位。

4　编制并实施监理实施细则。针对专业性较强、危险性较大的分部分项工程,项目监理机构应在相应工程施工开始前由专业监理工程师编制监理实施细则,并应报总监理工程师审批后实施。

在实施过程中,监理实施细则可根据实际情况进行补充、修改,并应经总监理工程师批准后实施。

5　对施工组织设计、施工方案进行审查。

(1)施工组织设计审查应包括的基本内容:

➢ 编审程序应符合相关规定。

➢ 施工进度、施工方案及工程质量保证措施应符合施工合同要求。

➢ 资金、劳动力、材料、设备等资源供应计划应满足工程施工需要。

➢ 安全技术措施应符合工程建设强制性标准。

➢ 施工总平面布置应科学合理。

(2)施工方案审查应包括的基本内容:

➢ 编审程序应符合相关规定。

➢ 工程质量保证措施应符合有关标准。

(3)施工组织设计的报审程序及要求:

➢ 施工组织设计经施工单位技术负责人审核签认后,与施工组织设计报审表一并报送项目监理机构。

➢ 总监理工程师应及时组织专业监理工程师进行审查,需要修改的,由总监理工程师签发书面意见,退回修改;符合要求的,由总监理工程师签认。

➢ 已签认的施工组织设计由项目监理机构报送建设单位。

➢ 施工组织设计需要调整时,项目监理机构应按程序重新审查。

6 建筑材料、建筑构配件和设备投入使用或安装前,审查质量证明文件,并按有关规定、建设工程监理合同约定,对用于工程的材料进行见证取样、平行检验。

7 对分包单位的资质进行审核。分包工程开工前,专业监理工程师对分包单位资格进行审查,提出审查意见后由总监理工程师审核签认。

8 对重点部位、关键工序实施旁站监理,制定旁站监理方案,明确旁站监理的范围、内容、程序和旁站监理人员职责等,安排旁站监理人员按照旁站监理方案实施旁站监理,并做好旁站记录。

9 应安排监理人员对施工质量进行巡查,做好巡视记录。巡视应包括下列主要内容:

(1)施工单位是否按工程设计文件、工程建设标准和批准的施工组织设计、(专项)施工方案施工。

(2)使用的工程材料、构配件和设备是否合格。

(3)施工现场管理人员,特别是施工质量管理人员是否到位。

(4)特种作业人员是否持证上岗。

10　对施工质量进行平行检验,做好平行检验记录。项目监理机构应在施工单位自检的同时,按有关规定和建设工程监理合同约定进行平行检验。

11　对隐蔽工程进行验收,并签认隐蔽工程验收记录。对已同意覆盖的工程隐蔽部位质量有疑问的,或发现施工单位私自覆盖工程隐蔽部位的,项目监理机构应要求施工单位对该隐蔽部位重新检验。

12　对检验批工程进行验收。对验收合格的专业监理工程师应给予签认;对验收不合格的应拒绝签认,同时应要求施工单位在指定的时间内整改并重新报验。

13　对分项、分部(子分部)工程按规定进行质量验收。

(1)分项工程所含检验批全部施工完,施工单位自检合格,如实填写验收记录,报项目监理机构,由专业监理工程师组织施工单位项目专业技术负责人等进行验收。

(2)分部(子分部)工程应由总监理工程师组织施工单位项目负责人和项目技术负责人等进行验收。

(3)勘察、设计单位项目负责人和施工单位技术、质量部门负责人应参加地基与基础分部工程验收。

(4)设计单位项目负责人和施工单位技术、质量部门负责人应参加主体结构、节能分部工程的验收。

14　签发质量问题通知单,复查质量问题整改结果。项目监理机构发现施工单位未按照设计文件施工或违反工程建设强制性标准施工等质量问题,应及时签发监理通知单,要求施工单位整改;整改完毕后,应根据施工单位报送的监理通知回复单对整改情况进行复查,提出复查意见。

2.2.5　检测单位

1　不得转包所承揽的检测业务,应在技术能力和资质规定范围内开展检测业务。

2　不得涂改、倒卖、出租、出借或者以其他形式非法转让资质证书。

3　检测机构和检测人员不得推荐或者监制建筑材料、构配件和设备。

4　不得与行政机关,法律、法规授权的具有管理公共事务职能的组织及所检测工程项目相关的设计单位、施工单位、监理单位有隶属关系或者其他利害关系。

5　应当按照国家现行有关工程建设强制性标准进行检测。

6　应当对检测数据和检测报告的真实性和准确性负责,严禁出具虚假检测报告。

7　应当将检测过程中发现的建设单位、监理单位、施工单位违反有关法律、法规和工程建设强制性标准的情况,以及涉及结构安全检测结果的不合格情况,及时报告工程所在地住房和城乡建设主管部门。

8　应当单独建立检测结果不合格项目台账。如出现不合格项目,应及时通知监理及委托单位,并向工程所在地住房和城乡建设主管部门报告。

9　应当建立档案管理制度。检测合同、委托单、原始记录、检测报告应当按年度统一编号,编号应当连续,不得随意抽撤、涂改。

10　应当配备能满足所开展检测项目要求的检测设备,并建立管理制度,按规定进行检定、校准、维护、保养,保持其精度。

2.2.6　其他

1　施工图审查机构应当对工程施工图设计文件中涉及公共利益、公众安全、工程建设强制性标准的内容进行审查,承担审查责任。施工图经审查合格后,仍有违反法律、法规和工程建设强制性标准的问题,审查机构依法承担相应质量责任。

2　工程监测单位应当按照法律、法规、技术标准、施工图设计文件和监测合同要求,对建设工程本体及毗邻建筑物、构筑物、其他管线和设施等实施监测,按照设计及相关标准规定的报警值及时报警,对监测数据的真实性和可靠性负责。

3　建筑材料、建筑构配件的设备生产单位和供应单位按照规定对产品质量负责。

4　预拌混凝土生产企业应当具备相应资质,预拌混凝土、预拌砂浆生产企业对所提供的预拌混凝土、预拌砂浆的质量负责。

2.3 安全行为要求

2.3.1 建设单位

1 应按规定办理施工安全监督手续,并有保证工程安全的具体措施。

2 与参建各方签订的合同中应当明确安全责任,并加强履约管理。

3 按规定将委托的监理单位及相关人员、监理的内容及监理权限书面通知被监理的施工单位。

4 在组织编制工程概算时,按规定单独列支安全生产措施费用(含文明施工措施费),并按规定及时向施工单位支付。

5 工程开工前,按规定向施工单位提供施工现场及毗邻区域内地下管线、气象、水文、相邻建筑(构筑)物、地下工程等相关资料,保证资料的真实、准确、完整。对施工活动可能给毗邻建筑物造成影响的,组织相关单位制定安全防护措施,并督促施工单位落实。

6 不得明示或者暗示施工单位购买、租赁、使用不符合安全施工要求的安全防护用具、机械设备、施工机具及配件、消防设施和器材。

7 不得对勘察、设计、施工、监理等单位提出不符合建设工程安全生产法律、法规和强制性标准规定的要求。

8 应当将拆除工程发包给具有相应资质等级的施工单位;实施爆破作业的,应当遵守国家有关民用爆炸物品管理的规定。

2.3.2 勘察、设计单位

1 勘察单位按规定进行勘察,提供的勘察文件应当真实、准确,满足工程施工安全需要。

2 勘察单位应当根据工程实际及工程周边环境资料,按规定在勘察文件中说明地质条件可能造成的工程风险。

3 设计单位应当按照法律、法规和工程建设强制性标准进行设计,防止因设计不合理导致生产安全事故的发生。

4 设计单位应当考虑施工安全操作和防护的需要,按规定在设计文件中注明施工安全的重点部位和环节,提出保障工程周边环境安全和防范生产安全事故的指导意见,必要时进行专项设计。

5 采用新结构、新材料、新工艺的建设工程和特殊结构的建设工程,设计单位应当按规定在设计文件中提出保障施工作业人员安全和预防生产安全事故的措施建议。

2.3.3 施工单位

1 设立安全生产管理机构,按规定配备专职安全生产管理人员。专职安全生产管理人员负责对安全生产进行现场监督检查。

2 项目负责人、专职安全生产管理人员与办理施工安全监督手续资料一致。特殊情况下项目专职安全生产管理人员的变更应经建设单位同意后按规定履行变更手续。

3 建立健全安全保证体系、安全生产责任制度,并按要求进行考核。

4 建立从业人员台账,按规定对从业人员进行安全生产教育、培训和安全技术交底。建筑起重机械司机、安装拆卸工、爆破工、司索信号工、架子工、电工、电焊工等特种作业人员,应按照国家和有关规定经过专门的安全作业培训,并取得特种作业操作资格证书后,方可上岗作业。

5 工程实施施工总承包的,总承包单位对施工现场的安全生产负总责,分包单位应当服从总承包单位的安全生产管理。总承包单位应当与分包单位签订安全生产协议书,明确各自的安全生产职责并加强履约管理。

6 施工单位应按规定为作业人员免费提供安全防护用具和安全防护服装等劳动防护用品。

7 在施工现场入口处、施工起重机械、临时用电设施、脚手架、出入通道口、楼梯口、电梯井口、孔洞口、桥梁口、隧道口、基坑边沿、爆破物及有害危险气体和液体存放处等有较大危险因素的场所和有关设施、设备上,设置明显的安全警示标志。安全警示标志必须符合规范要求。

8 按规定提取和使用安全生产、文明施工措施费用,确保专款专用。应当用于施工安全防护用具及设施的采购和更新、安全施工措施的落实、安全生产条件的改善、文明施工和扬尘污染防治等，不得挪作他用。

9　危险性较大的分部分项工程（含超过一定规模的危大工程）的方案编制、论证、验收、现场管理等应符合规范要求。

10　按规定建立健全生产安全事故隐患排查治理制度。采用综合检查、专业检查、季节性检查、节假日检查、日常检查等不同方式进行安全隐患排查，及时发现并消除事故隐患；事故隐患排查治理情况应当如实记录，并向从业人员通报。

11　按规定执行建筑施工企业负责人及项目负责人施工现场带班制度。

12　按规定制定生产安全事故应急救援预案，建立应急救援组织或者配备应急救援人员，配备必要的应急救援器材、设备，并定期组织演练。

13　按规定及时、如实报告生产安全事故。实行施工总承包的建设工程，由总承包单位负责上报事故。特种设备发生事故的，还应当同时向特种设备安全监督管理部门报告。

（1）事故发生后，事故现场有关人员应当立即向本单位负责人报告；单位负责人接到报告后，应当于 1 h 内向事故发生地县级以上人民政府安全生产监督管理部门和负有安全生产监督管理职责的有关部门报告。

（2）情况紧急时，事故现场有关人员可以直接向事故发生地县级以上人民政府安全生产监督管理部门和负有安全生产监督管理职责的有关部门报告。

（3）安全生产监督管理部门和负有安全生产监督管理职责的有关部门逐级上报事故情况，每级上报的时间不得超过 2 h。

14　施工前，项目经理组织相关人员编制安全生产管理方案，由施工单位安全生产管理部门组织相关部门评审，安全总监（安全负责人）审核，分管安全生产领导批准后实施。

15　施工现场对应配备实现建筑工人实名制管理所必需的硬件设

施设备,原则上实施封闭式管理,设立进出场门禁系统,采用人脸、指纹、虹膜等生物识别技术进行电子打卡;不具备封闭式管理条件的工程项目,应采用移动定位、电子围栏等技术实施考勤管理。

16 建立施工扬尘污染防治责任制度,保证扬尘防治所需费用投入,加强扬尘防治信息化管理。

2.3.4 监理单位

1 按规定编制监理规划和监理实施细则。

2 按规定审查施工组织设计中的安全技术措施或者专项施工方案。参加超过一定规模的危险性较大的分部分项工程的专项施工方案专家论证会。

3 按规定审核各相关单位资质、安全生产许可证、“安管人员”安全生产考核合格证书和特种作业人员操作资格证书并做好记录。同时应核查施工机械和设施的安全许可验收手续。

4 按规定对现场实施安全监理。发现安全事故隐患严重且施工单位拒不整改或者不停止施工的,应及时向政府主管部门报告。

2.3.5 监测机构

1 监测单位应结合工程实际按规定编制监测方案,经单位技术负责人审核签字并加盖单位公章,报送监理单位审核通过后方可实施。超过一定规模的危大项目专项监测方案,应与同部位施工方案同步审核和论证。

2 按照监测方案开展监测。及时向建设单位报送监测成果,并对监测成果负责;发现监测数据或监测成果异常时,应及时向建设、设计、施工、监理单位报告。

3 监测结束后,监测单位应按合同约定向委托方提供相关资料。

第3章　房屋建筑工程实体质量控制

3.1　地基基础工程

3.1.1　应按照设计和规范要求进行基槽验收。

1　进行基槽验收时,建设、勘察、设计、监理、施工等单位项目负责人及相关技术人员共同参加。

2　验槽时,现场应具备岩土工程勘察报告、轻型动力触探记录(可不进行轻型动力触探的情况除外)、地基基础设计文件、地基处理或深基础施工质量检测报告等。

3　验槽应在基坑或基槽开挖至设计标高后进行,槽底应为无扰动的原状土。

3.1.2　应按照设计和规范要求进行轻型动力触探。

1　天然地基验槽前应在基坑或基槽底普遍进行轻型动力触探检验,检验数据作为验槽依据。轻型动力触探应检查下列内容:

(1)地基持力层的强度和均匀性。

(2)浅埋软弱下卧层或浅埋突出硬层。

(3)浅埋的会影响地基承载力或基础稳定性的古井、墓穴和空洞等。

2　轻型动力触探宜采用机械自动化实施,检验完毕后,触探孔位处应灌砂填实。

3　采用轻型动力触探进行基槽检验时,检验深度及间距应符合规范要求。

4　遇到下列情况之一时,可不进行轻型动力触探:

(1)承压水头可能高于基坑底面标高,触探可造成冒水涌砂时。

(2)基础持力层为砾石层或卵石层,且基底以下砾石层或卵石层厚度大于 1 m 时。

(3)基础持力层为均匀、密实砂层,且基底以下厚度大于 1.5 m 时。

3.1.3 地基强度或承载力检验结果应符合设计要求。

素土和灰土地基、砂和砂石地基、土工合成材料地基、粉煤灰地基、强夯地基、注浆地基、预压地基的承载力必须达到设计要求。检验数量每 300 m^2 不应少于 1 点,超过 3 000 m^2 部分每 500 m^2 不应少于 1 点,每单位工程不应少于 3 点。

3.1.4 复合地基的承载力检验结果应符合设计要求。

1 砂石桩、高压喷射注浆桩、水泥土搅拌桩、土和灰土挤密桩、水泥粉煤灰碎石桩、夯实水泥土桩等复合地基的承载力必须达到设计要求,复合地基承载检验数量不少于总桩数的 0.5%,且不应少于 3 点。有单桩承载力或桩深强度检验要求时,检验数量不应少于总桩数的 0.5%,且不应少于 3 点。

2 复合地基施工前应对原材料的质量、配比、设备的性能等进行检查。施工中应对桩位、标高、垂直度、填料量、桩孔直径、深度等施工参数进行检查。施工结束后进行承载力检验,高压喷射注浆桩、水泥土搅拌桩、水泥粉煤灰碎石桩单桩承载力应符合设计要求。

3 复合地基承载力的验收检验应采用复合地基静载荷试验,对有黏结强度的复合地基增强体尚应进行单桩静载荷试验。

3.1.5 桩基础承载力检验结果应符合设计要求。

1 工程桩的承载力检验应根据检测单位提供的承载力检测报告对其进行验收,满足要求后方可进行后续施工。对不满足要求的工程桩,应采取补强或补桩措施。

2 设计等级为甲级或地质条件复杂时,应采用静载荷试验的方法对桩基承载力进行检验,检验桩数不应少于总桩数的 1%,且不应少于 3 根,当总桩数少于 50 根时,不应少于 2 根;在有经验和对比资料的地区,设计等级为乙级、丙级的桩基可采用高应变法对桩基进行竖向抗压承载力检测,检测数量不应少于总桩数的 5%,且不应少于 10 根。

3 工程桩的桩身完整性的抽检数量不应少于总桩数的 20%,且不应少于 10 根。每根柱子承台下的工程桩抽检数量不应少于 1 根。

3.1.6　对于不满足设计要求的地基,应有经设计单位确认的地基处理方案,并有处理记录。

当地基不满足设计要求时,施工单位应编制地基处理技术方案,经设计、建设、监理等单位批准后方可进行地基处理,并形成处理记录。处理后的地基应满足建筑物地基承载力、变形和稳定性要求。

3.1.7　填方工程的施工应满足设计和规范要求。

1　施工前应检查基底的垃圾、树根等杂物清除情况,测量基底标高、边坡坡率,检查验收基础外墙防水层和保护层等。

2　回填料应符合设计要求,并应确定回填料含水量控制范围、铺土厚度、压实遍数等施工参数。

3　施工中应检查排水系统,检查每层填筑厚度、辗迹重叠程度、含水量控制、回填土有机质含量、压实系数等,填实厚度及压实遍数根据图纸压实系数及压实机具确定。

4　施工结束后,应进行标高及压实系数检验。

3.1.8　地基基础工程施工过程中,应加强沉降观测。

1　设计单位应根据技术标准、规范,结合工程特点,在施工图设计文件中明确沉降观测点设置、观测频次和作业方法等具体要求。

2　监测机构应按照相关标准、规范和施工图设计文件,制定沉降观测方案,报建设(监理)单位审批后开展工作,出具的沉降观测成果应及时、准确、客观。

3　建筑变形测量过程中发生下列情况之一时,施工单位应立即实施安全预案,同时应提高观测频率或增加观测内容:

(1)变形量或变形速率出现异常变化。

(2)变形量或变形速率达到或超出变形预警值。

(3)开挖面或周边出现塌陷、滑坡。

(4)建筑本身或其周边环境出现异常。

(5)由地震、暴雨、冻融等自然灾害引起的其他变形等异常情况。

3.2　钢筋工程

3.2.1　确定细部做法并在技术交底中明确。以下细部做法需在技术交底中明确:梁柱节点、转换层、剪力墙的门窗洞口、局部加强部位做法;悬挑构件的绑扎、钢筋接头的控制;抗震结构的要求,如加强区、箍筋加密区、边跨柱头等;框架柱、剪力墙墙身、边缘构件变截面、变直径等。

3.2.2　清除钢筋上的污染物和施工缝处的浮浆。

1　钢筋加工前应将表面清理干净。表面有颗粒状、裂纹、油污及片状老锈或有损伤的钢筋不得使用。

2　混凝土浇筑后对钢筋上的浮浆等污染物进行清理。

3　施工缝或后浇带处浇筑混凝土,结合面应为粗糙面,并应清除浮浆、松动石子、软弱混凝土层;结合面处应洒水湿润,但不得有积水。

3.2.3　应对预留钢筋进行纠偏。

1　纠偏建议采取下列方式:

(1)侧边焊接法:适用于墙体、柱内偏移较小的情况。偏位筋要逐渐向上层墙、柱角筋过渡,进行两筋的焊接。

(2)植筋补强法:植筋时为保证植入钢筋的锚固长度和稳固性,植筋孔灌浆要饱满并符合强度要求。

(3)截筋和植筋补强联合作用法:把偏位较大的角筋截断,在钢筋的正确位置上进行植筋,新植的钢筋作为墙、柱的竖向主筋。

2　墙体、柱内钢筋偏移较小时,可采用侧边焊接法,偏位筋要逐渐向上层墙、柱角筋过渡,进行两筋的焊接。

3　墙体、柱内钢筋偏移较大时,应由施工单位提出技术处理方案,并经设计、监理、建设单位认可后进行处理。

3.2.4　钢筋加工应符合设计和规范要求。

1　钢筋加工前应将表面清理干净。表面有颗粒状、片状老锈或有损伤的钢筋不得使用。

2　钢筋加工宜在常温状态下进行,加工过程中不应对钢筋进行加热。钢筋应一次弯折到位。

3 钢筋调直过程中不应损伤带肋钢筋的横肋。调直后的钢筋应平直,不应有局部弯折,并应进行力学性能和重量偏差检验,其强度、断后伸长率、重量偏差应符合国家现行有关标准的规定。

4 钢筋弯折的弯弧内直径应符合下列规定:

(1)光圆钢筋,不应小于钢筋直径的2.5倍。

(2)400 MPa级带肋钢筋,不应小于钢筋直径的4倍。

(3)500 MPa级带肋钢筋,当直径为28 mm以下时不应小于钢筋直径的6倍,当直径为28 mm及以上时不应小于钢筋直径的7倍。

(4)位于框架结构顶层端节点处的梁上部纵向钢筋和柱外侧纵向钢筋,在节点角部弯折处,当钢筋直径为28 mm以下时不宜小于钢筋直径的12倍,当钢筋直径为28 mm及以上时不宜小于钢筋直径的16倍。

(5)箍筋弯折处不应小于纵向受力钢筋直径。

5 当钢筋采用机械锚固措施时,钢筋锚固端的加工应符合规范要求。采用钢筋锚固板时,应符合规范要求。

3.2.5 钢筋的牌号、规格和数量应符合设计和规范要求。

1 钢筋安装时,受力钢筋的牌号、规格和数量必须符合设计要求。

2 当需要进行钢筋代换时,应办理设计变更文件。钢筋代换除应符合设计要求的构件承载力、裂缝宽度验算及抗震性能规定外,还应满足钢筋最小配筋率、钢筋间距、混凝土保护层厚度、钢筋锚固长度、接头面积百分率及搭接长度等构造要求。

3 钢筋的性能应符合规范要求。常用钢筋的公称直径、公称截面面积、计算截面面积及理论重量,应符合规范要求。

4 对有抗震设防要求的结构,其纵向受力钢筋的性能应满足设计要求;当设计无具体要求时,对按一、二、三级抗震等级设计的框架和斜撑构件(含梯段)中的纵向受力普通钢筋应采用HRB335E、HRB400E、HRB500E、HRBF335E、HRBF400E或HRBF500E钢筋,其强度和最大力下总伸长率的实测值,应符合下列规定:

(1)钢筋的抗拉强度实测值与屈服强度实测值的比值不应小于1.25。

(2)钢筋的屈服强度实测值与屈服强度标准值的比值不应大于1.30。

(3)钢筋的最大力下总伸长率不应小于9%。

3.2.6 钢筋的安装位置应符合设计和规范要求。

1 构件交接处的钢筋位置应符合设计要求。当设计无具体要求时,应保证主要受力构件和构件中主要受力方向的钢筋位置。

2 框架节点处梁纵向受力钢筋宜放在柱纵向钢筋内侧;当主次梁底部标高相同时,次梁下部钢筋应放在主梁下部钢筋之上;剪力墙中水平分布的钢筋宜放在外侧,并在墙端弯折锚固。

3.2.7 保证钢筋位置的措施到位。

1 按设计要求将墙、柱断面边框尺寸线标在各层楼面上,然后把墙柱从下层伸上来的纵筋用两个箍筋或定位水平筋分别在本层楼面标高及以上500 mm处与各纵筋点焊固定,以保证各纵向受力筋的位置。

2 基础部分墙柱插筋应为短筋插接,逐层接筋,并应用使其插筋骨架不变形的定位箍筋点焊固定,还可采取加箍、加临时支撑等稳固的支顶措施。

3 钢筋安装时应采用定位件固定钢筋的位置,并宜采用专用定位件(预制混凝土定位件),定位件应不低于混凝土的设计强度和耐久性,定位件的数量、间距和固定方式应能保证钢筋的位置。混凝土框架梁、柱保护层内,不宜采用金属定位件。

3.2.8 钢筋连接应符合设计和规范要求。

1 钢筋的连接方式应符合设计要求。

2 钢筋采用机械连接或焊接连接时,钢筋机械连接接头、焊接接头的力学性能、弯曲性能应符合规范要求。接头试件应从工程实体中截取。

3 焊工应经考试合格并取得焊工证书,并在其焊工证书规定的范围内施焊。在钢筋焊接开工前,应由参与该项工程施焊的焊工进行现场条件下的焊接工艺试验;试验合格后,方准焊接施工。

4 螺纹采用机械连接时,螺纹接头应检验拧紧扭矩值,挤压接头应量测压痕直径,检验结果应符合规范要求。

5　钢筋接头的位置应符合设计和施工方案要求。接头宜设置在受力较小处，有抗震设防要求的结构中，梁端、柱端箍筋加密区范围内不宜设置钢筋接头，且不应进行钢筋搭接。同一纵向受力钢筋不宜设置 2 个或 2 个以上的接头。接头末端至钢筋弯起点的距离不应小于钢筋直径的 10 倍。

6　当纵向受力钢筋采用机械连接接头或焊接接头时，设置在同一构件内的接头宜相互错开，纵向受力钢筋的接头在受拉区不宜超过 50%，接头的外观质量应符合规范要求。

7　绑扎接头梁、板类构件不宜超过 25%，基础筏板不宜超过 50%，柱类构件不宜超过 50%。

3.2.9　钢筋锚固应符合设计和规范要求。

钢筋应安装牢固。受力钢筋的安装位置、锚固方式应符合设计和规范要求。

3.2.10　箍筋、拉筋弯钩应符合设计和规范要求。

1　对一般结构构件，箍筋弯钩的弯折角度不应小于 90°，弯折后平直段长度不应小于箍筋直径的 5 倍；对有抗震设防要求或设计有专门要求的结构构件，箍筋弯钩的弯折角度不应小于 135°，弯折后平直段长度不应小于箍筋直径的 10 倍。

2　圆形箍筋的搭接长度不应小于其受拉锚固长度，且两末端弯钩的弯折角度不应小于 135°，弯折后平直段长度对一般结构构件不应小于箍筋直径的 5 倍，对有抗震设防要求的结构构件不应小于箍筋直径的 10 倍。

3　梁、柱复合箍筋中的单肢箍筋两端弯钩的弯折角度均不应小于 135°，弯折后平直段长度应符合本条第 1 款对箍筋的有关规定。

3.2.11　悬挑梁、板的钢筋绑扎应符合设计和规范要求。

1　悬挑梁、板的钢筋应按照设计及图集要求进行加工制作。

2　悬挑梁、板受力钢筋应设置在梁、板顶部。

3　悬挑梁、板的钢筋应与垫块或定位件绑扎固定，施工过程中及时检查垫块或定位件及受力钢筋的位置，保证钢筋的位置准确。

3.2.12 后浇带预留钢筋的绑扎应符合设计和规范要求。

1 后浇带预留钢筋施工前应检查、处理,符合规范要求。

2 后浇带马凳等定位件应与主筋连接牢固,防止施工时踩踏变形。

3 后浇带钢筋绑扎应满足现行图集的有关要求。

3.2.13 钢筋保护层厚度应符合设计和规范要求。受力钢筋保护层厚度的合格点率应达到90%及以上,且不得有超过规范要求中数值1.5倍的尺寸偏差。

3.2.14 预应力筋张拉中应避免预应力筋断裂或滑脱,出现断裂或滑脱的限值应符合规范要求。

3.3 模板工程

3.3.1 模板板面应清理干净并涂刷脱模剂。

模板与混凝土接触面应清理干净并涂刷脱模剂,脱模剂不得污染钢筋和混凝土接槎处。

3.3.2 模板板面的平整度应符合要求。

接触混凝土的模板板面应平整,并按规范要求检查模板板面的平整度。

3.3.3 模板的各连接部位应连接紧密。

模板的接缝应严密,模板安装应保证混凝土结构构件各部分形状、尺寸和相对位置准确,并应防止漏浆。

3.3.4 竹木模板面不得翘曲、变形、破损。

1 胶合板模板的胶合层不应脱胶翘角;模板规格应符合设计要求;对在施工现场组装的模板,其组成部分的外观和尺寸应符合设计要求;有必要时,应对模板的力学性能进行抽样检查。

2 模板材料的技术指标应符合规范要求。进场时应抽样检验模板的外观、规格和尺寸。

3.3.5 框架梁的支模顺序不得影响梁钢筋绑扎。

1 模板安装应与钢筋安装配合进行,梁柱节点模板的安装宜在钢筋安装后进行。

2　宜按照“先安装支撑梁底模板,再安装梁钢筋,最后安装梁侧模板”的施工顺序施工。

3.3.6　楼板支撑体系的设计应考虑各种工况的受力情况。

1　模板及支架应根据安装、使用和拆除工况进行设计,并应满足承载力、刚度和整体稳固性要求。

2　模板及支架设计应包括下列内容:

(1)模板及支架的选型及构造设计。

(2)模板及支架上的荷载及其效应计算。

(3)模板及支架的承载力、刚度验算。

(4)模板及支架的抗倾覆验算。

(5)绘制模板及支架施工图。

3　混凝土水平构件的底模板及支撑体系、高大模板支撑体系、混凝土竖向构件和水平构件的侧面模板及支撑体系,宜按相关规定确定最不利的作用效应组合。承载力验算应采用荷载基本组合,变形验算应采用荷载标准组合。

4　模板支撑体系的高宽比不宜大于3;当高宽比大于3时,应增设横纵向剪刀撑、斜撑等稳定性措施,并应进行支撑体系的抗倾覆验算。

5　对于多层楼板连续支模情况,应计入荷载在多层楼板间传递的效应,宜分别验算最不利工况下的支撑体系和楼板结构的承载力。

3.3.7　楼板后浇带的模板支撑体系应按规定单独设置。

后浇带与主体模板支撑交界处应设双支撑,使后浇带处形成独立的支撑体系。

3.4　混凝土工程

3.4.1　严禁在配备好的混凝土中加水。

1　混凝土输送、浇筑过程中严禁加水。

2　当坍落度损失后不能满足施工要求时,应加入原水胶比的水泥砂浆或掺加同品种的减水剂进行搅拌。

3.4.2　严禁将洒落的混凝土浇筑到混凝土结构中。

3.4.3　各部位混凝土强度应符合设计和规范要求。

1　混凝土的强度等级必须符合设计要求。用于检验混凝土强度的试件应在浇筑地点随机抽取。

2　混凝土强度应按规范要求分批检验评定。检验评定混凝土强度时,应采用 28 d 或设计规定龄期的标准养护试件。

3　对涉及混凝土结构安全的有代表性的部位应进行结构实体检验,检验结果应符合设计和规范要求。

3.4.4　墙和板、梁和柱连接部位的混凝土强度应符合设计和规范要求。

1　墙、柱混凝土设计强度比梁、板混凝土设计强度高一个等级时,柱、墙位置梁、板范围内的混凝土经设计单位确认,可采用与梁、板混凝土设计强度等级相同的混凝土进行浇筑。

2　墙、柱混凝土设计强度比梁、板混凝土设计强度高两个等级及以上时,应在交界区域采取分隔措施,分隔位置应在低强度等级的构件中,且距高强度等级构件边缘不应小于 500 mm。

3　应先浇筑强度等级高的混凝土,后浇筑强度等级低的混凝土。

3.4.5　混凝土构件的外观质量应符合设计和规范要求。

1　现浇结构的外观质量不应有一般缺陷。对已经出现的一般缺陷,应由施工单位按技术处理方案进行处理,并重新检查验收。

2　现浇结构的外观质量不应有严重缺陷。对已经出现的严重缺陷,应由施工单位提出技术处理方案,并经监理(建设)单位认可后进行处理。对经处理的部位,应重新检查验收。

3.4.6　混凝土构件的尺寸应符合设计和规范要求。

1　现浇结构不应有影响结构性能或使用功能的尺寸偏差;混凝土设备基础不应有影响结构性能或设备安装的尺寸偏差。

2　现浇结构的位置和尺寸偏差及检验方法应符合规范要求。

3.4.7　后浇带、施工缝的接槎处应处理到位。

1　施工缝与后浇带的留设位置应在混凝土浇筑前确定。受力复杂的结构构件或有防水抗渗要求的结构构件，施工缝留设位置应经设计单位确认。

2　施工缝或后浇带处接槎处理措施：

(1)结合面应为粗糙面，应清除浮浆、松动石子、软弱混凝土层，并清理干净。

(2)结合面处应洒水湿润，但不得有积水。

(3)施工缝处已浇筑混凝土的强度不应小于1.2 MPa。

(4)柱、墙水平施工缝水泥砂浆接浆层厚度不应大于30 mm，接浆层水泥砂浆应与混凝土浆液成分相同。

3　后浇带混凝土强度等级及性能应符合设计要求；当设计无具体要求时，后浇带混凝土强度等级宜比两侧混凝土提高一级，并宜采用减少收缩的技术措施。

3.4.8　后浇带的混凝土应按设计和规范要求的时间进行浇筑。

1　根据后浇带不同的作用，其混凝土的浇筑时间也不同，均应根据设计规定的时间实施。

2　用于减小混凝土收缩或为便于施工设置的后浇带，在混凝土收缩趋于稳定后方可浇筑后浇带混凝土。

3　用于控制沉降差异的后浇带，根据实测沉降值并计算后期沉降值满足设计要求后方可浇筑后浇带混凝土。

3.4.9　应按规定设置施工现场试验室。

施工现场应具备混凝土标准试件制作条件，并应设置标准试件养护室或养护箱。标准试件养护应符合规范要求。

3.4.10　混凝土试块应及时进行标识。

混凝土试块制作好后应及时做好标识，标识应包括制作日期、强度等级、代表部位、养护方式等信息，鼓励采用二维码等技术手段进行标识。

3.4.11　同条件试块应按规定在施工现场养护。

同条件试块应留置在靠近相应结构构件的适当位置，采取恰当的保护措施，并应采取相同的养护方法。

3.4.12　楼板上的堆载不得超过楼板结构设计承载能力。

楼面堆载不得超过楼板的允许荷载值。当施工层进料口处施工荷载较大时,楼板下宜采取临时支撑措施。

3.4.13　当混凝土结构施工质量不符合要求时,应按规范要求进行处理。

1　经返工或返修的检验批,应重新进行验收。

2　经有资质的检测机构检测鉴定能够达到设计要求的检验批,应予以验收。

3　经有资质的检测机构检测鉴定达不到设计要求、但经原设计单位核算认可能够满足安全和使用功能的检验批,可予以验收。

4　经返修或加固处理的分项、分部工程,满足安全及使用功能要求时,可按技术处理方案和协商文件的要求予以验收。

3.5　钢结构工程

3.5.1　钢构件主要材料的品种、规格、性能应符合设计和规范要求。

1　钢板的品种、规格、性能应符合规范要求并满足设计要求。钢板进场时,应按规范要求抽取试件且应进行屈服强度、抗拉强度、伸长率和厚度偏差检验,检验结果应符合规范要求。

2　型材和管材的品种、规格、性能应符合规范要求并满足设计要求。型材和管材进场时,应按规范要求抽取试件且应进行屈服强度、抗拉强度、伸长率和厚度偏差检验,检验结果应符合规范要求。

3　铸钢件的品种、规格、性能应符合规范要求并满足设计要求。铸钢件进场时,应按规范要求抽取试件且应进行屈服强度、抗拉强度、伸长率和端口尺寸偏差检验,检验结果应符合规范要求。

4　拉索、拉杆、锚具的品种、规格、性能应符合规范要求并满足设计要求。拉索、拉杆、锚具进场时,应按规范要求抽取试件且应进行屈服强度、抗拉强度、伸长率和尺寸偏差检验,检验结果应符合规范要求。

5　焊接材料的品种、规格、性能应符合规范要求并满足设计要求。焊接材料进场时,应按规范要求抽取试件且应进行化学成分和力学性能检验，检验结果应符合规范要求。

6　钢结构连接用高强度螺栓连接副的品种、规格、性能应符合规范要求并满足设计要求。高强度大六角头螺栓连接副应随箱带有扭矩系数检验报告，扭剪型高强度螺栓连接副应随箱带有紧固轴力（预拉力）检验报告。高强度大六角头螺栓连接副和扭剪型高强度螺栓连接副进场时，应按照规范要求抽取试件且应分别进行扭矩系数和紧固轴力（预拉力）检验，检验结果应符合规范要求。

3.5.2　焊工应当持证上岗，在其合格证规定的范围内施焊。

1　应对进场焊工人员及证件进行检查，确保真实性及有效性。

2　持证焊工必须在其焊工证书规定的认可范围内施焊，严禁无证施焊。

3　焊工应按照焊接工艺文件的要求施焊。

4　施焊过程中，施工单位应进行全过程质量管控，以保证焊缝的合格率。

3.5.3　一、二级焊缝应进行焊缝内部缺陷检验。

1　设计要求全焊透的一、二级焊缝应采用超声波探伤进行焊缝内部缺陷检验，一级焊缝探伤比例为100%，二级焊缝探伤比例不低于20%。超声波探伤不能对缺陷做出判断时，应采用射线探伤检验。其内部缺陷分级及探伤方法应符合规范要求。

2　焊接过程中应加强过程管控，确保焊缝质量满足设计要求并符合规范要求。

3.5.4　高强度螺栓连接副的安装应符合设计和规范要求。

1　高强度大六角头螺栓连接副和扭剪型高强度螺栓连接副出厂时应分别随箱带有扭矩系数和紧固轴力（预拉力）的检验报告。

2　高强度大六角头螺栓连接副和扭剪型高强度螺栓连接副进场时，应按规范要求抽取试件且应分别进行扭矩系数和紧固轴力（预拉力）检验，检验结果应符合规范要求。

3　高强度螺栓现场安装时应能自由穿入螺栓孔，不得强行穿入。螺栓不能自由穿入时，可采用铰刀或锉刀修整螺栓孔，不得采用气割扩孔，扩孔数量应征得设计单位同意，扩孔后的孔径不应超过1.2d（d为螺栓直径)。

4 高强度螺栓应在构件安装精度调整后进行拧紧,初拧、终拧扭矩应符合设计及规范要求。

(1)高强度大六角头螺栓连接副终拧完成 1 h 后、48 h 内应进行终拧扭矩检查。

(2)扭剪型高强度螺栓连接副终拧后,除因构造原因无法使用专用扳手在终拧中拧掉梅花头者外,未在终拧中拧掉梅花头的螺栓数不应大于该节点螺栓数的 5%。对所有梅花头未拧掉的扭剪型高强度螺栓连接副应采用扭矩法或转角头进行终拧并做标记,按照规范规定进行终拧扭矩检查。

(3)高强度螺栓连接副拧后,螺栓丝扣外露应为 2~3 扣,其中允许有 10%的螺栓丝扣外露 1 扣或 4 扣。

5 螺栓球节点网架总拼完成后,高强度螺栓与球节点应紧固连接,高强度螺栓拧入螺栓球内的螺纹长度不应小于 1.0d,连接处不应出现间隙、松动等未拧紧情况。

6 钢结构安装完成后应进行高强度螺栓连接摩擦面的抗滑移系数试验和复验,现场处理的构件应单独进行摩擦面抗滑移系数试验。

3.5.5 钢管混凝土柱与钢筋混凝土梁连接节点核心区的构造应符合设计要求。

1 钢管混凝土柱与钢筋混凝土梁连接节点核心区的构造及钢筋的规格、位置、数量应符合设计要求。

2 钢筋与钢管之间的连接方式应符合设计要求并满足规范要求。

3 由钢管混凝土柱-钢筋混凝土框架梁构成的多层或高层框架结构,竖向安装柱段不宜超过 3 层。在钢管柱安装、校正并完成上下柱段的焊接后,方可浇筑管芯混凝土和施工楼层的钢筋混凝土梁板。

3.5.6 钢管内混凝土的强度等级应符合设计要求。

1 钢管内混凝土的强度等级不应低于 C30,钢管内混凝土施工前应进行配合比设计,并宜进行浇筑工艺试验;钢管内混凝土运输、浇筑及间歇的全部时间不应超过混凝土的初凝时间,同一施工段钢管内混凝土应连续浇筑。当需要留置施工缝时应按专项施工方案留置。

2　钢管内混凝土宜采用自密实混凝土，自密实混凝土的配合比设计、施工、质量检验和验收应符合规范要求。浇筑时应采用减少收缩的技术措施。

3　钢管混凝土构件吊装前，基座混凝土强度应符合设计要求。多层结构上节钢管混凝土构件吊装应在下节钢管内混凝土达到设计要求后进行。

4　钢管混凝土工程施工质量验收，应在施工单位自行检验评定合格的基础上，由监理（建设）单位验收。

3.5.7　钢结构防火涂料的黏结强度、抗压强度应符合设计和规范要求。

1　防火涂料黏结强度、抗压强度应符合规范要求。其抽检次数应符合规范要求。

2　钢结构防火涂料的品种和技术性能应满足设计要求，并应经检测机构检测，检测结果应符合规范要求。

3　选用的防火涂料应符合设计文件和规范要求，具有抗冲击能力和黏结强度，不应腐蚀钢材。

3.5.8　薄涂型、厚涂型防火涂料的涂层厚度应符合设计要求。

1　膨胀型（超薄型、薄涂型）防火涂料、厚涂型防火涂料的涂层厚度及隔热性能应满足有关耐火极限的规范要求。

2　钢结构防火涂装工程的施工工艺和技术应符合设计和规范要求。防火涂料涂装应分层施工，应在上道涂层干燥或固化后，再进行下道涂层施工。

3.5.9　钢结构防腐涂料涂装的涂料、涂装遍数、涂层厚度均应符合设计要求。

1　钢结构防腐涂料的品种、规格和性能等应符合规范要求并满足设计要求。

2　防腐涂料、涂装遍数、涂装间隔、涂层厚度均应满足设计文件、涂料产品标准的要求。

3　钢结构防腐涂装工程的施工工艺和技术应符合设计和规范要求。防腐涂料应进行分层施工，每层干膜厚度允许偏差和漆膜总厚度偏差应符合规范要求。

3.5.10　多层和高层钢结构主体结构整体垂直度和整体平面弯曲偏差应符合设计和规范要求。

1　多层及高层钢结构安装前,应对建筑物的定位轴线、底层柱的轴线、柱底基础标高进行复核,合格后再开始安装。

2　安装过程中应对一个标准层或一个区域整体安装完成后进行复测;安装偏差的检测,应在结构形成空间稳定单元并连接固定且临时支承结构拆除前进行。

3　多层和高层钢结构安装时应分析竖向压缩变形对结构的影响,并应根据结构特点和影响程度采取预调安装标高、设置后连接构件等相应措施。

3.5.11　钢网架结构总拼完成后及屋面工程完成后,所测挠度值应符合设计和规范要求。

1　钢网架结构总拼完成后及屋面工程完成后应分别测量其挠度值,且所测的挠度值不应超过相应荷载条件下挠度计算值的1.15倍。

2　钢网架及支座定位轴线和标高的允许偏差应符合现行规范要求,支座锚栓的规格及紧固应满足设计要求。

3　施工监测点布置应根据现场安装条件和施工交叉作业情况,采取可靠的保护措施,变形传感器或测点宜布置于结构变形较大的部位。

3.5.12　钢管桁架结构相贯节点应符合设计要求。

1　钢管桁架结构相贯节点焊缝的坡口角度、间隙、钝边尺寸及焊脚尺寸应满足设计要求并符合规范要求。

2　钢管(闭口截面)构件应有预防管内进水、存水的构造措施,严禁钢管内存水。

3.6　装配式混凝土工程

3.6.1　预制构件的场内运输和存放应满足要求。

1　现场运输道路和存放场地应坚实平整,并应有排水措施。

2　施工现场内道路应按照构件运输车辆的要求合理设置转弯半径及道路坡度。

3　预制构件运送到施工现场后,应按规格、品种、使用部位、吊装顺序分别设置存放场地。存放场地应设置在吊装设备的有效起重范围内,且应在堆垛之间设置通道。

4　构件的存放架应具有足够的抗倾覆性能。

5　构件运输和存放对已完成结构、基坑有影响时,应经计算复核。

3.6.2　预制构件的质量、标识应符合设计和规范要求。

1　预制构件和部品出厂时,应出具产品质量证明文件。

2　预制构件应按设计和规范的要求进行结构性能检验。

3　预制构件、安装用材料及配件等应符合规范及产品应用技术手册的要求,并应按照规范要求进行进场验收。

4　预制构件的外观质量不应有严重缺陷,且不应有影响结构性能和安装、使用功能的尺寸偏差。

5　对已经出现的严重缺陷应制定技术处理方案进行处理并重新检验,对出现的一般缺陷应进行修整并达到合格。

6　对超过尺寸允许偏差且影响结构性能和安装、使用功能的部位,应经原设计单位认可,制定技术处理方案进行处理,并重新检查验收。

7　预制构件进场时,混凝土强度应符合设计要求。当设计无具体要求时,混凝土同条件立方体抗压强度不应小于混凝土强度等级的75%,且吊点位置应通过计算确定。

8　预制构件和部品经检查合格后,应设置表面标识,标识应明确、耐久。

9　对合格的预制构件应作出标识,内容应包括工程名称、构件型号、生产日期、生产单位、合格标识、结构安装位置和方向、吊运朝向等。

3.6.3　预制构件的外观质量、尺寸偏差和预留孔、预留洞、预埋件、预留插筋、键槽的位置应符合设计和规范要求。

1　构件生产前应完成深化设计并经原设计单位认可。

2　深化设计图纸中应明确预埋件、预埋管线、预留孔、预留洞、预留插筋、键槽等的规格型号、数量、位置、尺寸的设计要求。

3 预制构件进场时,对预制构件的外观质量进行全数检查,不应有严重缺陷,且不应有影响结构性能和安装、使用功能的尺寸偏差。

4 预制构件的尺寸偏差及预留孔、预留洞、预埋件、预留插筋、键槽的位置偏差应符合规范要求;预制构件有粗糙面时,与粗糙面相关的尺寸允许偏差可放宽 1.5 倍。

3.6.4 夹芯外墙板内外叶墙板之间的拉结件类别、数量、使用位置及性能应符合设计要求。

1 夹芯外墙板的内外叶墙板之间的拉结件的质量应符合设计和规范要求。

2 金属及非金属材料拉结件均应具有规定的承载力、变形和耐久性能,并应经过试验验证;拉结件应满足夹芯外墙板的节能设计要求。

3 内外叶墙板拉结件进厂检验应符合:同一厂家、同一类别、同一规格产品,不超过 10 000 件为一批;按批抽取试样进行外观尺寸、材料性能、力学性能检验,检验结果应符合设计要求。

4 预制构件制作前,对夹芯外墙板,应绘制内外叶墙板的拉结件布置图及保温板排版图。

5 夹芯外墙板宜采用水平浇筑方式成型。

6 构件成型时应采取可靠措施保证拉结件位置、保护层厚度,保证拉结件在混凝土中可靠锚固。

7 在上层混凝土浇筑完成之前,下层混凝土不得初凝。

3.6.5 预制构件表面预贴饰面砖、石材等饰面与混凝土的黏结性能应符合设计和规范要求。

1 带面砖或石材饰面的预制构件宜采用反打一次成型工艺制作。

2 当构件饰面层采用饰面砖时,应根据设计要求选择饰面砖的大小、图案、颜色,背面应设置燕尾槽或确保连接性能可靠的构造。

3 饰面砖入模铺设前,宜根据设计排版图将单块面砖制成饰面砖套件,套件的长度不宜大于 600 mm,宽度不宜大于 300 mm。

4 石材入模铺设前,宜根据设计排版图的要求进行配板和加工,并应提前在石材背面安装不锈钢锚固拉钩和涂刷防泛碱处理剂。

5　应使用柔韧性好、收缩小、具有抗裂性能且不污染饰面的材料嵌填饰面砖或石材间的接缝，并应采取防止饰面砖或石材在安装钢筋及浇筑混凝土等工序中出现位移的措施。

3.6.6　后浇混凝土中钢筋安装、钢筋连接、预埋件安装应符合设计和规范要求。

1　在深化设计阶段，应根据后浇部位钢筋安装的顺序对该部位的钢筋进行碰撞检查并对问题进行处理；严禁安装困难时随意切割钢筋。

2　钢筋安装时，受力钢筋的牌号、规格、数量必须符合设计要求。

3　钢筋的连接方式应符合设计要求；钢筋连接接头质量应符合规范要求。

4　钢筋应安装牢固。受力钢筋的安装位置、锚固方式应符合设计要求。

5　固定在模板上的预埋件和预留孔洞不得遗漏，且应安装牢固。

6　后浇部位浇筑混凝土之前，应进行钢筋隐蔽工程验收。

3.6.7　预制构件的粗糙面或键槽应符合设计要求。

1　预制构件与后浇混凝土、灌浆材料、坐浆材料的结合面应设置粗糙面、键槽；在设计图纸中应明确粗糙面、键槽的有关要求。

2　粗糙面的面积不宜小于结合面的80%，预制板的粗糙面凹凸深度不应小于4 mm，预制梁端、预制柱端、预制墙端的粗糙面凹凸深度不应小于6 mm。

3　键槽的尺寸和数量应按规范要求计算确定。

4　预制构件的粗糙面或键槽成型质量应满足设计要求。

5　装配式混凝土结构连接节点及叠合构件浇筑混凝土前，应进行隐蔽工程验收，应包括混凝土粗糙面的质量，键槽的尺寸、数量、位置。

3.6.8　预制构件与预制构件之间、预制构件与主体结构之间的连接应符合设计要求。

1　现浇混凝土中伸出的钢筋应采用专用模具进行定位，并应采用可靠的固定措施控制连接钢筋的中心位置及外露长度以满足设计要求。

2　装配式结构采用后浇混凝土连接时，构件连接处后浇混凝土的强度应符合设计要求。

3　钢筋采用套筒灌浆连接、浆锚搭接连接时,灌浆应饱满、密实,所有出口均应出浆。

4　钢筋套筒灌浆连接及浆锚搭接连接用的灌浆材料强度应符合设计和规范要求。

5　构件底部接缝坐浆强度应满足设计要求。

6　钢筋采用机械连接时,其接头质量应符合规范要求。

7　钢筋采用焊接连接时,其焊缝的接头质量应满足设计和规范要求。

8　预制构件采用型钢焊接连接时,型钢焊缝的接头质量应满足设计要求,并应符合规范要求。

9　预制构件采用螺栓连接时,螺栓的材质、规格、拧紧力矩应符合设计及规范要求。

10　装配式结构的连接施工应逐个进行隐蔽工程检查,并应填写隐蔽工程检查记录。

3.6.9　后浇混凝土强度应符合设计要求。

1　预制构件结合面疏松部分的混凝土应剔除并清理干净。

2　浇筑前应检查混凝土送料单,核对混凝土配合比,确认混凝土强度等级,检查混凝土运输时间,测定混凝土坍落度,必要时还应测定混凝土扩展度,在确认无误后再进行混凝土浇筑。

3　混凝土输送、浇筑过程中严禁加水;混凝土输送、浇筑过程中散落的混凝土严禁用于结构浇筑。

4　在浇筑混凝土前应洒水润湿结合面,混凝土应振捣密实。

5　混凝土分层浇筑高度应符合规范要求,应在底层混凝土初凝前将上一层混凝土浇筑完毕。

6　预制梁、柱混凝土强度等级不同时,预制梁柱节点区混凝土强度等级应符合设计要求。

7　混凝土浇筑应布料均衡,浇筑和振捣时,应对模板及支架进行观察和维护,如发生异常情况应及时处理;构件接缝混凝土浇筑和振捣应采取措施防止模板、相连接构件、钢筋、预埋件及其定位件移位。

8　混凝土浇筑后应及时进行保湿养护。保湿养护可采用洒水、覆盖、喷涂养护剂等方式。选择养护方式时应考虑现场条件、环境温/湿度、构件特点、技术要求、施工操作等因素。

9　构件连接部位后浇混凝土及灌浆材料的强度达到设计要求后，方可拆除临时固定措施。

3.6.10　钢筋灌浆套筒、灌浆套筒接头应符合设计和规范要求。

1　采用的套筒应符合规范要求。

2　钢筋套筒灌浆连接接头应满足强度和变形性能要求。

3　钢筋套筒灌浆连接接头的抗拉强度不应小于连接钢筋抗拉强度标准值，且破坏时应断于接头外钢筋。

4　套筒灌浆连接时，应由接头提供单位提交所有规格接头的有效型式检验报告。

5　灌浆套筒进厂(场)时，应抽取灌浆套筒检验外观质量、标识和尺寸偏差，检验结果应符合规范要求。

6　套筒灌浆连接应采用由接头型式检验确定的相匹配的灌浆套筒、灌浆材料，并经检验合格后使用；钢筋灌浆套筒、灌浆材料应符合设计和规范要求。

7　灌浆套筒进厂(场)时，应抽取灌浆套筒并采用与之匹配的灌浆材料制作对中连接接头试件，并进行抗拉强度检验，每种规格的连接接头试件数量不应少于 3 个。

8　对于半灌浆套筒连接，机械连接端的钢筋丝头加工、连接安装、质量检查应符合规范要求。

9　采用钢筋套筒灌浆连接的预制构件就位前，应检查套筒、预留孔的规格、位置、数量和深度，被连接钢筋的规格、数量、位置和长度。

10　当套筒、预留孔内有杂物时，应清理干净；当连接钢筋倾斜时，应进行校直。连接钢筋偏离套筒或孔洞中心线不宜超过 5 mm。

11　钢筋套筒灌浆连接接头灌浆前，应对接缝周围进行封堵，封堵措施应符合结合面承载力设计要求。

12 灌浆施工前,应对不同钢筋生产企业的进场钢筋进行接头工艺检验;施工过程中,当更换钢筋生产企业,或同生产企业生产的钢筋外形尺寸与已完成工艺检验的钢筋有较大差异时,应再次进行工艺检验。

13 钢筋套筒灌浆连接接头应按检验批划分要求及时灌浆,灌浆作业应符合规范及施工方案的要求。

14 施工过程中不宜更换灌浆套筒或灌浆材料,如确需更换,应按更换后的灌浆套筒、灌浆材料提供接头型式检验报告,并重新进行工艺检验及材料进场检验。

15 灌浆应饱满、密实,所有出浆口均应出浆。

16 灌浆施工中,灌浆材料的 28 d 抗压强度应符合设计和规范要求。用于检验抗压强度的灌浆材料试件应在施工现场制作。

17 套筒灌浆饱满度可采用预埋传感器法、预埋钢丝拉拔法、X 射线成像法等检测。

18 灌浆材料同条件养护试件抗压强度达到 35 N/mm^2 后,方可进行对接头有扰动的后续施工;临时固定措施的拆除应在灌浆材料抗压强度能确保结构达到后续施工承载要求后进行。

3.6.11 钢筋连接套筒、浆锚搭接的灌浆应饱满。

1 灌浆连接施工应编制专项施工方案。

2 灌浆施工的操作人员应经专业培训后上岗。

3 钢筋水平连接时,灌浆套筒应各自独立灌浆。

4 采用灌浆套筒连接、浆锚搭接连接的竖向构件宜采用连通腔灌浆,并应合理划分连通灌浆区域;每个区域除预留灌浆孔、出浆孔与排气孔外,应形成密闭空腔,不应漏浆;连通灌浆区域内任意两个灌浆套筒间距离不宜超过 1.5 m。

5 灌浆施工前应对各连通灌浆区域进行封堵,且封堵材料不应减小结合面的设计面积。

6 灌浆操作全过程应有专职检验人员负责现场监督并及时形成施工检查记录。

7 灌浆施工时,环境温度应符合灌浆材料产品使用说明书要求;

环境温度低于 5 ℃时不宜施工，低于 0 ℃时不得施工；当环境温度高于 30 ℃时，应采取降低灌浆材料拌和物温度的措施。

8　对竖向钢筋套筒灌浆连接，灌浆作业应采用压浆法从灌浆套筒下灌浆孔注入，当灌浆料拌和物从构件其他灌浆孔、出浆孔流出后应及时封堵。

9　竖向钢筋套筒灌浆连接采用连通腔灌浆时，宜采用一点灌浆的方式；当一点灌浆遇到问题而需要改变灌浆点时，各灌浆套筒已封堵灌浆孔、出浆孔应重新打开，待灌浆料拌和物再次流出后进行封堵。

10　对水平钢筋套筒灌浆连接，灌浆作业应采用压浆法从灌浆套筒灌浆孔注入，当灌浆套筒灌浆孔、出浆孔的连接管或连接头处的灌浆料拌和物均高于灌浆套筒外表面最高点时应停止灌浆，并及时封堵灌浆孔、出浆孔。

11　灌浆料宜在加水后 30 min 内用完。

12　灌浆后所有出浆口均应出浆，当灌浆施工出现无法出浆的情况时，应查明原因并及时采取措施进行处理。

3.6.12　预制构件连接接缝处防水做法应符合设计要求。

1　预制构件连接接缝处应根据当地气候条件合理选用构造防水、材料防水相结合的防排水设计。

2　预制外墙接缝位置宜与建筑立面分格相对应；竖缝宜采用平口或槽口构造，水平缝宜采用企口构造；当板缝空腔需设置导水管排水时，板缝内侧应增设密封构造。

3　接缝材料及构造应满足防水、防渗、抗裂、耐久等要求；接缝材料应与外墙板具有相容性；外墙板在正常使用时，接缝处的弹性密封材料不应破坏。

4　外墙板接缝防水施工前，应将板缝空腔清理干净；应按设计要求填塞背衬材料；密封材料嵌填应饱满、密实、均匀、顺直、表面平滑，其厚度应满足设计要求。

5　外墙板接缝防水施工结束后，对外墙板接缝应进行现场淋水试验；淋水试验应符合设计和规范要求。

3.6.13 预制构件的安装尺寸偏差应符合设计和规范要求。

1 预制构件安装施工前,应进行测量放线,设置构件安装定位标识。测量放线应符合规范要求。

2 安装施工前,应核对已施工完成结构、基础的外观质量和尺寸偏差,确认混凝土强度和预留预埋符合设计要求,并应核对预制构件的混凝土强度及预制构件和配件的型号、规格、数量等符合设计要求。

3 预制构件吊装就位后,应及时校准并采取临时固定措施。预制构件就位校核与调整应符合下列规定:

(1)预制墙板、预制柱等竖向构件安装后,应对安装位置、安装标高、垂直度进行校核与调整。

(2)叠合构件、预制梁等水平构件安装后应对安装位置、安装标高进行校核与调整。

(3)水平构件安装后,应对相邻预制构件平整度、高低差、拼缝尺寸进行校核与调整。

4 预制构件与吊具的分离应在校准定位及临时固定措施安装完成后进行。

3.6.14 后浇混凝土的外观质量和尺寸偏差应符合设计和规范要求。

1 对后浇混凝土的模板及支架,应进行设计。模板及支架应具有足够的承载力、刚度和稳定性,应能可靠地承受施工过程中所产生的各类荷载。

2 后浇混凝土结构宜采用工具式支架和定型模板。

3 后浇混凝土模板应保证后浇混凝土部分形状、尺寸和位置准确。

4 后浇混凝土模板与预制构件接缝处应采取防止漏浆的措施,可粘贴密封条。

5 后浇混凝土模板与混凝土接触面应清理干净并涂刷脱模剂,脱模剂不得污染钢筋和混凝土接槎处。

6 当混凝土强度能保证其表面及棱角不受损伤时,方可拆除侧模。

3.7 装配式钢结构工程

3.7.1　装配式钢结构构件场内运输及堆放应满足规范要求。

1　对超高、超宽、形状特殊的大型钢构件的场内运输和堆放应制定专门的方案。在卸车过程中要做好防护措施，特殊构件做好加固措施，防止钢构件外观损坏、变形等现象的发生。

2　钢构件堆放场地应平整坚实，地面干燥，排水通畅。重叠堆放钢构件时，每层构件间的垫块上下对齐，堆垛层数应根据构件、垫块的承载力确定，并应根据需要采取防止堆垛倾覆的措施。

3.7.2　装配式钢结构建筑施工前准备工作应充分。

1　施工单位应根据装配式钢结构建筑的特点，选择合适的施工方法，制定合理的施工顺序，并应尽量减少现场支模和脚手架用量，提高施工效率。

2　装配式钢结构建筑宜采用信息化技术，对安全、质量技术、施工进度等进行全过程的信息化协同管理。宜采用建筑信息模型（BIM）技术对结构构件、建筑部品和设备管线等进行虚拟建造。

3　装配式钢结构建筑应遵守国家环境保护的法规和标准，采取有效措施减少各种粉尘、废弃物、噪声等对周围环境造成的污染和危害；并应采取可靠有效的防火等安全措施。

4　部品部件生产前，应有经批准的构件深化设计图或产品设计图，设计深度应满足生产、运输和安装等技术要求。钢结构施工详图应根据结构设计文件和有关技术文件进行编制，并应经原设计单位确认；当需要进行节点设计时，节点设计文件也应经原设计单位确认。

5　进场钢结构材料应符合设计文件和规范要求，应具有质量合格证明文件，并应经进场检验合格后使用。

3.7.3　装配式钢结构建筑钢构件吊装应安全可靠、准确就位。

1　钢结构安装应根据结构特点按照合理顺序进行，并应形成稳固的空间刚度单元，必要时应增加临时支承结构或临时措施。钢结构安装过程中宜进行施工过程监测。工厂预拼装过的构件在现场组装时，应根据预拼装记录进行。

2 钢结构吊装作业必须在起重设备的额定起重量范围内进行。用于吊装的钢丝绳、吊装带、卸扣、吊钩等吊具应经检查合格,并应在其额定许用荷载范围内使用。

3 首节钢柱安装后应及时进行垂直度、标高和轴线位置校正,钢柱的垂直度可采用经纬仪或线锤测量;首节以上的钢柱定位轴线应从地面控制轴线直接引上,不得从下层柱的轴线引上。

4 钢梁一般采用2点吊装,通过计算确定吊耳形式或吊装孔位置,宜在构件出场之前制作完成,钢梁的吊耳(吊装孔)宜设置在钢梁重心两侧1/3跨处,如果钢梁的宽度过宽,宜设置3~4个吊装点吊装或采用平衡梁吊装,吊点位置应通过计算确定,以确保钢梁吊装过程平稳安全。

5 钢板剪力墙的安装时间和顺序应符合设计文件要求,钢板剪力墙吊装时应采取防止平面外的变形措施。

3.7.4 装配式钢结构建筑钢构件现场焊接连接应满足设计和规范要求。

1 施工单位首次采用的钢材、焊接材料、焊接方法、接头形式、焊接位置、焊后热处理等各种参数及参数的组合,应在钢结构制作及安装前进行焊接工艺评定试验。焊接工艺评定试验方法和要求,以及免于工艺评定的限制条件,应符合规范要求。

2 钢结构现场焊接工艺和质量应符合规范要求。钢结构主体工程焊接工程验收应符合规范要求。

3 现场高空焊接作业应搭设稳固的操作平台和防护棚。

3.7.5 装配式钢结构建筑高强度螺栓施工应符合设计和规范要求。

1 钢结构高强度螺栓连接工艺和质量应符合规范要求,高强度螺栓连接副的安装符合设计和规范要求。

2 高强度螺栓连接节点螺栓群初拧、复拧和终拧,应采用合理的施拧顺序,宜在24 h内完成。高强度螺栓和焊接混用的连接节点,当设计文件无规定时,宜按先螺栓紧固、后焊接的施工顺序。

3 螺栓球节点网架总拼完成后,高强度螺栓与球节点应紧固连接，螺栓拧入螺栓球内的螺纹长度不应小于螺栓直径的1.1倍，连接处不应出现有间隙、松动等未拧紧情况。

3.7.6 装配式钢结构防腐防火涂装应符合设计和规范要求。

1 钢结构防腐防火涂装应符合规范要求，其中防腐涂料涂装的涂料、涂装遍数、涂层厚度应符合规范和设计要求，防火涂料的黏结强度、抗压强度应符合规范要求。

2 钢构件在场内运输、堆放和安装过程中损坏的涂层及安装连接部位的涂层应进行现场补漆，并应符合原涂装工艺要求。构件表面的涂装系统应相互兼容。

3 钢构件及其连接应采取防腐措施，钢结构部(构)件防腐蚀设计应根据环境条件、使用部位等确定，并应符合规范要求。

4 钢构件及其连接应采取有效的防火措施，耐火等级应符合规范要求。

5 钢构件的防火保护可采用喷涂(抹涂)防火涂料、包覆防火板、包覆柔性毡状隔热材料及外包混凝土、金属网抹砂浆或砌筑砌体等一种或几种组合措施。

3.8 砌体工程

3.8.1 砌块质量应符合设计和规范要求。

砌体结构工程所用的材料应有产品合格证书、产品性能型式检验报告，质量应符合规范要求。块体应有材料主要性能的进场复验报告，并应符合设计要求。严禁使用国家明令淘汰的材料。

3.8.2 砌筑砂浆的强度应符合设计和规范要求。

1 砌筑砂浆试块强度验收时其强度合格标准应符合下列规定：

(1)同一验收批砂浆试块强度平均值应大于或等于设计强度等级值的1.1倍。

(2)同一验收批砂浆试块抗压强度的最小一组的平均值应大于或等于设计强度等级值的85%。

2 施工中不应采用强度等级小于M5水泥砂浆替代同强度等级

水泥混合砂浆,如需替代,应将水泥砂浆提高一个强度等级。

3　在砂浆中掺入的砌筑砂浆增塑剂、早强剂、缓凝剂、防冻剂、防水剂等砂浆外加剂,其品种和用量应经有资质的检测单位检验和试配确定。所用外加剂的技术性能应符合规范要求。

3.8.3　严格按规定留置砂浆试块,做好标识。

1　砌筑砂浆的验收批,同一类型、强度等级的砂浆试块不应少于3组;对于建筑结构的安全等级为一级或设计使用年限为50年及以上的房屋,同一验收批砂浆试块的数量不得少于3组。

2　制作砂浆试块的砂浆稠度应与配合比设计一致。

3　砂浆试块制作好后应及时做好标识,标识应包括制作日期、强度等级、代表部位、养护方式等信息。

3.8.4　墙体转角处、交接处必须同时砌筑,临时间断处留槎应符合规范要求。

1　墙体转角处和交接处应同时砌筑,严禁无可靠措施的内外墙分砌施工。

2　在抗震设防烈度为8度及8度以上地区,对不能同时砌筑而又必须留置的砖砌体临时间断处应砌成斜槎,普通砖砌体斜槎水平投影长度不应小于高度的2/3,多孔砖砌体的斜槎长高比不应小于1/2。斜槎高度不得超过一步脚手架的高度。非抗震设防及抗震设防烈度为6度、7度地区的临时间断处,当不能留斜槎时,除转角处外,可留直槎,但直槎必须做成凸槎,且应加设拉结钢筋。

3　混凝土小型空心砌块砌体临时间断处应砌成斜槎,斜槎水平投影长度不应小于斜槎高度。施工洞口可预留直槎,但在洞口砌筑和补砌时,应在直槎上下搭砌的小砌块孔洞内用强度等级不低于C20(或Cb20)的混凝土灌实。

3.8.5　灰缝厚度及砂浆饱满度应符合规范要求。

1　砌体水平灰缝和竖向灰缝的砂浆饱满度用专用百格网检测。砌体灰缝砂浆应密实饱满,砖墙灰缝的砂浆饱满度应符合规范要求。

2　竖向灰缝不应出现透明缝、瞎缝和假缝。

3 砖砌体的灰缝应横平竖直,厚薄均匀,水平灰缝厚度及竖向灰缝宽度宜为10 mm,但不应小于8 mm,也不应大于12 mm。

3.8.6 构造柱、圈梁应符合设计和规范要求。

1 构造柱应符合下列构造要求:

(1)墙长大于5 m时,在砌体填充墙中(遇洞口设在洞口边)设置构造柱,间距应≤5 m。

(2)当墙长大于层高2倍时,宜设构造柱。

(3)按规定需设构造柱处:墙体转角、砌体丁字交接处、通窗或者连窗的两侧。

(4)构造柱与墙体的连接处的墙体应砌成马牙槎,马牙槎应先退后进,对称砌筑。

2 圈梁应符合下列构造要求:

(1)墙高超过4 m时,墙体半高宜设置与柱连接且沿墙全长贯通的钢筋混凝土圈梁。

(2)圈梁宜连续地设在同一水平面上,并形成封闭状;当圈梁被门窗洞口截断时,应在洞口上部增设相同截面的附加圈梁。附加圈梁与圈梁的搭接长度不应小于两梁高差的2倍,且不得小于1 m。

(3)纵、横墙交接处的圈梁应可靠连接。

(4)混凝土圈梁的宽度宜与墙厚相同,当墙厚不小于240 mm时,其宽度不宜小于墙厚的2/3。圈梁高度不应小于120 mm。纵向钢筋数量不应少于4根,直径不应小于10 mm,绑扎接头的搭接长度按受拉钢筋考虑,箍筋间距不应大于300 mm。

3.9 防水工程

3.9.1 严禁在防水混凝土拌和物中加水。

1 混凝土输送、浇筑过程中严禁加水;混凝土输送、浇筑过程中散落的混凝土严禁用于混凝土结构构件的浇筑。

2 防水混凝土拌合物在运输后如出现离析,必须进行二次搅拌。当坍落度损失后不能满足施工要求时,应加入原水胶比的水泥浆或掺加同品种的减水剂进行搅拌,严禁直接加水。

3.9.2 防水混凝土的节点构造应符合设计和规范要求。

1 地下工程迎水面主体结构应采用防水混凝土,并应根据防水等级的要求采取其他防水措施。

2 防水混凝土结构的施工缝、变形缝、后浇带、穿墙管、埋设件等设置和构造必须符合设计要求。

3 防水混凝土应连续浇筑,宜少留施工缝。当留设施工缝时,墙体水平施工缝不应留在剪力最大处或底板与侧墙的交接处,应留在高出底板表面不小于300 mm的墙体上。拱(板)墙结合的水平施工缝,宜留在拱(板)墙接缝线以下150~300 mm处。墙体有预留孔洞时,施工缝距孔洞边缘不应小于300 mm。垂直施工缝应避开地下水和裂隙水较多的地段,并宜与变形缝相结合。

4 施工缝浇筑混凝土前,应将其表面浮浆和杂物清除,然后铺设净浆,并及时浇筑混凝土;后浇带两侧的接缝表面应先清理干净,再涂刷混凝土界面处理剂或水泥基渗透结晶型防水涂料。

5 防水混凝土结构内部设置的各种钢筋或绑扎铁丝,不得接触模板。用于固定模板的螺栓必须穿过混凝土结构时,可采用工具式螺栓或螺栓加堵头,螺栓上应加焊方形止水环。拆模后应将留下的凹槽用密封材料封堵密实,并应用聚合物水泥砂浆抹平。

3.9.3 中埋式止水带埋设位置应符合设计和规范要求。

1 中埋式止水带埋设位置应准确,其中间空心圆环与变形缝的中心线应重合。

2 中埋式止水带应固定在挡头模板上,先安装一端,浇筑混凝土时另一端应用箱型模板保护固定时只能在止水带的允许部位上穿孔打洞,不得损坏止水带本体部分。

3 中埋式止水带的接缝应设在边墙较高位置上,不得设在结构转角处;接头宜采用热压焊接,接缝应平整、牢固,不得有裂口和脱胶现象。

4 中埋式止水带在转弯处应做成圆弧形;顶板、底板内止水带应安装成盆状,并宜采用专用钢筋套或扁钢固定。

5 在浇捣靠近止水带附近的混凝土时,严格控制浇捣的冲击力,避免力量过大而刺破橡胶止水带,同时还应充分振捣,保证混凝土与橡胶止水带的紧密结合,施工中如发现有破裂现象应及时修补。

3.9.4 水泥砂浆防水层各层之间应结合牢固。

1 厚度大于10 mm时,应分层施工,第二层应待前一层指触不粘时进行,各层应黏结牢固。

2 水泥砂浆防水层各层应紧密黏合,每层宜连续施工;必须留设施工缝时,应采用阶梯坡形槎,接槎部位离阴阳角不得小于200 mm;上下层接槎应错开300 mm以上,接槎应依层次顺序操作,层层搭接。

3 喷涂施工时,喷枪的喷嘴应垂直于基面,合理调整压力、喷嘴与基面距离。

4 涂抹时应压实、抹平,遇气泡时应挑破,保证铺抹密实,最后一层表面应提浆压光。

5 抹平、压实应在初凝前完成。

3.9.5 地下室卷材防水层的细部做法应符合设计要求。

1 卷材防水层在转角处、变形缝、施工缝、穿墙管等部位做法必须符合设计要求。

2 卷材防水层基层阴阳角应做成圆弧或45°坡角,其尺寸应根据卷材品种确定;在转角处、变形缝、施工缝、穿墙管等部位应铺贴卷材加强层,加强层宽度不应小于500 mm。

3.9.6 地下室涂料防水层的厚度和细部做法应符合设计要求。

1 涂料防水层的平均厚度应符合设计要求,最小厚度不得低于设计厚度的90%。

2 涂料防水层在转角处、变形缝、穿墙管等部位做法必须符合设计要求。

3 涂料应分层涂刷或喷涂,涂层应均匀,涂刷应待前遍涂层干燥成膜后进行。每遍涂刷时应交替改变涂层的涂刷方向,同层涂膜的先后搭压宽度宜为30~50 mm。

4 涂料防水层的甩槎处接槎宽度不应小于100 mm,接涂前应将其甩槎表面处理干净。

5 . 采用有机防水涂料时,基层阴阳角处应做成圆弧;在转角处、变形缝、施工缝、穿墙管等部位应增加胎体增强材料和增涂防水涂料,宽度不应小于 500 mm。

3.9.7 地面防水隔离层的厚度应符合设计要求。

1 隔离层厚度应符合设计要求。

2 隔离层表面的允许偏差应符合规范要求。

3.9.8 地面防水隔离层的排水坡度、坡向应符合设计要求。

防水隔离层严禁渗漏,排水的坡向应正确、排水通畅。

3.9.9 地面防水隔离层的细部做法应符合设计和规范要求。

1 铺设隔离层时,在管道穿过楼板面四周,防水、防油渗材料应向上铺涂,并超过套管的上口;在靠近柱、墙处,应高出面层 200~300 mm 或按设计要求的高度铺涂。

2 阴阳角和管道穿过楼板面的根部应增加铺涂附加防水、防油渗隔离层。

3.9.10 有淋浴设施的墙面的防水层高度应符合设计要求。

1 卫生间、浴室的楼地面应设置防水层,墙面、顶棚应设置防潮层,门口应有阻止积水外溢的措施。

2 卫生间、浴室和设有配水点的封闭阳台等墙面应设置防水层;防水层高度宜距楼、地面面层 1.2 m。

3 当卫生间有非封闭式洗浴设施时,花洒所在及其邻近墙面防水层高度不应小于 1.8 m。

4 当墙面设置防潮层时,楼、地面防水层应沿墙面上翻,且至少应高出饰面层 200 mm。当卫生间、厨房采用轻质隔墙时,应做全防水墙面,其四周根部除门洞外,应做 C20 细石混凝土坎台,并应至少高出相连房间的楼、地面饰面层 200 mm。

5 楼地面的防水层在门口处应水平延展,且向外延展的长度不应小于 500 mm,向两侧延展的宽度不应小于 200 mm。

3.9.11 屋面防水层的厚度应符合设计要求。

1 每道卷材防水层、涂膜防水层、复合防水层最小厚度应符合规范要求。

2 附加层最小厚度应符合规范要求。

3 涂膜防水层平均厚度应符合设计要求，且最小厚度不得小于设计厚度的80%。

4 复合防水层的总厚度应符合设计要求。

3.9.12 屋面防水层的排水坡度、坡向应符合设计要求。

1 屋面找坡应满足设计排水坡度要求，结构找坡不应小于3%，材料找坡宜为2%；檐沟、天沟纵向找坡不应小于1%，沟底水落差不得超过200 mm。

2 屋面防水工程完工后，应进行观感质量检查和雨后观察或淋水、蓄水试验，不得有渗漏和积水现象。

3 检查屋面有无渗漏、积水和排水系统是否通畅，应在雨后或持续淋水2 h后进行，并应填写淋水试验记录。具备蓄水条件的檐沟、天沟应进行蓄水试验，蓄水时间不得少于24 h，并应填写蓄水试验记录。

3.9.13 屋面细部的防水构造应符合设计和规范要求。

屋面细部的防水构造包括檐口、檐沟和天沟、女儿墙及山墙、水落口、变形缝、伸出屋面管道、屋面出入口、反梁过水孔、设施基座、屋脊、屋顶窗等部位。

1 檐口的防水构造应符合设计要求；檐口的排水坡度应符合设计要求；檐口部位不得有渗漏和积水现象；卷材收头应在找平层的凹槽内用压条钉压固定，并应用密封材料封严。

2 檐沟、天沟的排水坡度应符合设计要求；沟内不得有渗漏和积水现象；檐沟、天沟附加层铺设应符合设计要求；檐沟防水层应由沟底翻上至外侧顶部，卷材收头应用压条钉压固定，并应用密封材料封严；涂膜收头应用防水涂料多遍涂刷。

3 女儿墙和山墙的防水构造应符合设计要求；女儿墙和山墙的压顶向内排水坡度不应小于5%，压顶内侧下端应做成鹰嘴或滴水槽；女儿墙和山墙根部不得有渗漏和积水现象；女儿墙和山墙的卷材应满粘，卷材收头应用压条钉压固定，并应用密封材料封严。

4 水落口的防水构造应符合设计要求；水落口杯上口应设在沟底

的最低处;水落口处不得有渗漏和积水现象;水落口的数量和位置应符合设计要求;水落口杯应安装牢固;防水层及附加层伸入水落口杯内不应小于 50 mm,并应黏结牢固。

5　变形缝的防水构造应符合设计要求。变形缝处不得有渗漏和积水现象。变形缝的泛水高度及附加层铺设应符合设计要求。防水层应铺贴或涂刷至泛水墙的顶部。等高变形缝顶部宜加扣混凝土或金属盖板。混凝土盖板的接缝应用密封材料封严;金属盖板应铺钉牢固,搭接缝应顺流水方向,并应做好防锈处理。

6　伸出屋面管道的防水构造应符合设计要求;伸出屋面管道根部不得有渗漏和积水现象;伸出屋面管道周围的找平层应抹出高度不小于 30 mm 的排水坡;卷材防水层收头应用金属箍固定,并应用密封材料封严;涂膜防水层收头应用防水涂料多遍涂刷。

7　屋面出入口的防水构造应符合设计要求;屋面出入口不得有渗漏和积水现象;屋面垂直出入口防水层收头应压在压顶圈下,附加层铺设应符合设计要求;屋面水平出入口防水层收头应压在混凝土踏步下,附加层铺设和护墙应符合设计要求;屋面出入口的泛水高度不应小于 250 mm。

8　反梁过水孔的防水构造应符合设计要求;反梁过水孔处不得有渗漏和积水现象;反梁过水孔的孔底标高、孔洞尺寸或预埋管管径,均应符合设计要求;反梁过水孔的孔洞四周应涂刷防水涂料;预埋管道两端周围与混凝土接触处应留凹槽,并应用密封材料封严。

9　设施基座的防水构造应符合设计要求;设施基座处不得有渗漏和积水现象;设施基座与结构层相连时,防水层应包裹设施基座的上部,并应在地脚螺栓周围做密封处理。

10　屋脊的防水构造应符合设计要求;屋脊处不得有渗漏现象;平脊和斜脊铺设应顺直,应无起伏现象;脊瓦应搭盖正确,间距应均匀,封固应严密。

11　屋顶窗的防水构造应符合设计要求;屋顶窗及周边不得有渗漏和积水现象;屋顶窗用金属排水板、窗框固定铁脚应与屋面连接牢固;屋顶窗用窗口防水卷材应铺贴平整,黏结应牢固。

3.9.14　外墙节点构造防水应符合设计和规范要求。

建筑外墙节点包括门窗洞口、雨篷、阳台、变形缝、穿过外墙管道、女儿墙压顶、外墙预埋件、预制构件等与外墙的交接部位。

1　门窗框与墙体间的缝隙宜采用聚合物水泥防水砂浆或发泡聚氨酯填充。

2　雨篷应设置不应小于1%的外排水坡度，外口下沿应做滴水线；雨篷与外墙交接处的防水层应连续；雨篷防水层应沿外口下翻至滴水线。

3　阳台应向水落口设置不小于1%的排水坡度，水落口周边应留槽嵌填密封材料。阳台外口下沿应做滴水线。

4　变形缝部位应增设合成高分子防水卷材附加层，卷材两端应满粘于墙体，满粘的宽度不应小于150 mm，并应钉压固定；卷材收头应用密封材料密封。

5　穿过外墙的管道宜采用套管，套管应内高外低，坡度不应小于5%，套管周边应做防水密封处理。

6　女儿墙压顶宜采用现浇钢筋混凝土或金属压顶，压顶应向内找坡，坡度不应小于2%。当采用混凝土压顶时，外墙防水层应延伸至压顶内侧的滴水线部位；当采用金属压顶时，外墙防水层应做到压顶的顶部，金属压顶应采用专用金属配件固定。

7　外墙预埋件四周应用密封材料封闭严密，密封材料与防水层应连续。

3.9.15　外窗与外墙的连接处做法应符合设计和规范要求。

1　门窗框与墙体间的缝隙宜采用聚合物水泥防水砂浆或发泡聚氨酯填充。

2　外墙防水层应延伸至门窗框，防水层与门窗框间应预留凹槽，并应嵌填密封材料。

3　门窗上楣的外口应做滴水线；外窗台应设置不小于5%的外排水坡度。

3.10　装饰装修工程

3.10.1　外墙外保温与墙体基层的黏结强度应符合设计和规范要求。

1　保温板材与基层之间及各构造层之间的黏结或连接必须牢固。保温板材与基层的连接方式、拉伸黏结强度和黏结面积比应符合设计要求。保温板材与基层之间的拉伸黏结强度应进行现场拉拔试验,且不得在界面破坏。黏结面积比应进行剥离检验。

2　当采用保温浆料做外墙外保温时,厚度大于 20 mm 的保温浆料应分层施工。保温浆料与基层之间及各层之间的黏结必须牢固,不应脱层、空鼓和开裂。

3　当保温层采用锚固件固定时,锚固件数量、位置、锚固深度、胶结材料性能和锚固力应符合设计和施工方案的要求;保温装饰板的锚固件应使其装饰面板可靠固定;锚固力应做现场拉拔试验。

3.10.2　抹灰层与基层之间及各抹灰层之间应黏结牢固。

1　抹灰层与基层之间及各抹灰层之间应黏结牢固,抹灰层应无脱层和空鼓,面层应无爆灰和裂缝。

2　抹灰前基层表面的尘土、污垢、油渍等应清除干净,并应洒水润湿或进行界面处理。

3　抹灰工程应分层进行。当抹灰总厚度大于或等于 35 mm 时,应采取加强措施。不同材料基体交接处表面的抹灰,应采取防止开裂的加强措施,当采用加强网时,加强网与各基体的搭接宽度不应小于 100 mm。

3.10.3　外门窗安装应牢固。

1　建筑外门窗安装必须牢固。在砌体上安装门窗时严禁采用射钉固定。

2　金属门窗框和附框的安装应牢固。预埋件及锚固件的数量、位置、埋设方式与框的连接方式应符合设计要求。

3　塑料门窗框、附框和扇的安装应牢固。固定片或膨胀螺栓的数量与位置应正确,连接方式应符合设计要求。

3.10.4　推拉门窗扇安装牢固,并安装防脱落装置。推拉门窗扇与框的搭接宽度应符合设计和规范要求。

3.10.5　幕墙的框架与主体结构的连接、立柱与横梁的连接应符合设计和规范要求。

1　幕墙与主体结构连接的各种预埋件,其数量、规格、位置和防腐处理必须符合设计要求。

2　幕墙及其连接件应具有足够的承载力、刚度和相对于主体结构的位移能力。当幕墙构架立柱的连接金属角码与其他连接件采用螺栓连接时,应有防松动措施。

3　幕墙构架的立柱与横梁在风荷载标准值作用下,钢型材的相对挠度不应大于 $l/300$(l 为立柱或横梁两支点间的跨度),绝对挠度不应大于 15 mm;铝合金型材的相对挠度不应大于 $l/180$,绝对挠度不应大于 20 mm。

4　横梁应通过角码、螺钉或螺栓与立柱连接,角码应能承受横梁的剪力。螺钉直径不得小于 4 mm,每处连接螺钉数量不应少于 3 个,螺栓不应少于 2 个。横梁与立柱之间应有一定的相对位移能力。

5　上下立柱之间应有不小于 15 mm 的缝隙,并应采用芯柱连接。芯柱总长度不应小于 400 mm。芯柱与立柱应紧密接触。芯柱与下柱之间应采用不锈钢螺栓固定。

3.10.6　幕墙所采用的结构黏结材料应符合设计和规范要求。

1　应对幕墙用结构胶的邵氏硬度、标准条件拉伸黏结强度、相容性、剥离黏结性进行试验,石材用密封胶的污染性进行复验。

2　玻璃幕墙采用中性硅酮结构密封胶时,其性能应符合规范要求;硅酮结构密封胶应在有效期内使用。

3　隐框和半隐框玻璃幕墙,其玻璃与铝型材的黏结必须采用中性硅酮结构密封胶;全玻璃幕墙和点支承幕墙采用镀膜玻璃时,不应采用酸性硅酮结构密封胶黏结。

4　硅酮结构密封胶和硅酮建筑密封胶必须在有效期内使用。

3.10.7 应按设计和规范要求使用安全玻璃。

1 塑料门窗工程有下列情况之一时,应使用安全玻璃:

(1)面积大于 1.5 m^2 的窗玻璃。

(2)距离可踏面高度 900 mm 以下的窗玻璃。

(3)与水平夹角不大于 75°的倾斜窗,包括天窗、采光顶在内的顶棚。

(4)7 层及 7 层以上建筑物外开窗。

2 铝合金门窗工程有下列情况之一时,应使用安全玻璃:

(1)7 层及 7 层以上建筑物外开窗。

(2)面积大于 1.5 m^2 的窗玻璃或玻璃底边离最终装修面小于 500 mm 的落地窗。

(3)倾斜安装的铝合金窗。

3 人员流动密度大、青少年或幼儿活动的公共场所及使用中容易受到撞击的玻璃幕墙部位,宜采用夹层玻璃,并应设置明显的警示标志。

4 室内隔断应使用安全玻璃,且最大使用面积应符合规范要求。

5 屋面玻璃或雨篷玻璃必须使用夹层玻璃或夹层中空玻璃,其胶片厚度不应小于 0.76 mm。

6 地板玻璃必须采用夹层玻璃,点支承地板玻璃必须采用钢化夹层玻璃。钢化玻璃必须进行均质处理。

3.10.8 重型灯具等重型设备严禁安装在吊顶工程的龙骨上。

3.10.9 饰面砖应粘贴牢固。

1 内墙饰面砖、外墙饰面砖粘贴应牢固。

2 满粘法施工的内墙饰面砖无裂缝、空鼓。

3 外墙饰面砖伸缩缝应采用耐候密封胶嵌缝。

4 现场粘贴外墙饰面砖所用材料和施工工艺必须与施工前黏结强度检验合格的饰面砖样板相同。

5 现场粘贴施工的外墙饰面砖应无空鼓、裂缝,应对饰面砖黏结强度进行检验。

3.10.10 饰面板安装应符合设计和规范要求。

1 石板、陶瓷板安装工程的预埋件(或后置埋件)、连接件的材质、数量、规格、位置、连接方法和防腐处理应符合设计要求。后置埋件的现场拉拔力应符合设计要求。石板、陶瓷板安装应牢固。

2 采用满粘法施工的石板、陶瓷板工程,石板、陶瓷板与基层之间的黏结料应饱满,无空鼓。石板、陶瓷板黏结应牢固。

3 木板、金属板、塑料板安装工程的龙骨、连接件的材质、数量、规格、位置、连接方法和防腐处理应符合设计要求。木板、金属板、塑料板安装应牢固。

4 外墙金属板的防雷装置应与主体结构防雷装置可靠接通。

3.10.11 护栏安装应符合设计和规范要求。

1 阳台、外廊、室内回廊、内天井、上人屋面及室外楼梯等临空处应设置防护栏杆,并应符合下列规定:

(1)当临空高度在24 m以下时,栏杆高度不应低于1.05 m,临空高度在24 m及以上时,栏杆高度不应低于1.1 m;上人屋面和交通、商业、旅馆、医院、学校等建筑临开敞中庭的栏杆高度不应小于1.2 m。

(2)栏杆高度应从所在楼地面或屋面至栏杆扶手顶面垂直高度计算,当底面有宽度大于或等于0.22 m,且高度低于或等于0.45 m的可踏部位时,应从可踏部位顶面起计算。

(3)公共场所栏杆离底面0.1 m高度范围内不宜留空。

2 住宅、托儿所、幼儿园、中小学及其他少年儿童专用活动场所的栏杆必须采取防止攀爬的构造。当采用垂直杆件做栏杆时,其杆件净间距不应大于0.11 m。

3 楼梯应至少于一侧设扶手,梯段净宽达3股人流时应两侧设扶手,达4股人流时宜加设中间扶手。

4 室内楼梯扶手高度自踏步前缘线量起不宜小于0.9 m。楼梯水平栏杆或栏板长度大于0.5 m时,其高度不应小于1.05 m。

5 护栏玻璃应使用公称厚度不小于12 mm的钢化玻璃或钢化夹层玻璃,当护栏一侧距楼地面高度为5 m及以上时应使用钢化夹层玻璃。

3.11　给排水及采暖工程

3.11.1　管道安装应符合设计和规范要求。

1　建筑给水、排水及采暖工程所使用的主要材料、成品、半成品、配件、器具和设备必须具有中文质量合格证明文件,规格、型号及性能检测报告应符合规范或设计要求,进场时应对其品种、规格、外观等进行验收。生活给水系统所涉及的材料必须达到饮用水卫生标准。

2　管道安装的连接方式应符合设计要求。管道支、吊、托架的安装,应符合规范要求。

3　管道穿过结构伸缩缝、抗震缝及沉降缝敷设时,采取的保护措施应符合规范要求。地下室或地下构筑物外墙有管道穿过的,应采取防水措施,对有严格防水要求的建筑物,应采用柔性防水套管。

4　各种承压管道系统和设备应做水压试验,非承压管道系统和设备应做灌水试验,排水主立管及水平干管管道均应做通球试验,并形成记录。

5　管道安装坡度必须符合设计及规范要求,严禁无坡或倒坡。当设计未注明时,应符合下列规定:

(1)汽、水同向流动的热水采暖管道和汽、水同向流动的蒸汽管道及凝结水管道,坡度应为3‰,不得小于2‰。

(2)汽、水逆向流动的热水采暖管道和汽、水逆向流动的蒸汽管道,坡度不应小于5‰。

(3)散热器支管的坡度应为1%,坡向应利于排气和泄水。

6　供热管道冲洗完毕后应通水、加热,进行试运行和调试。当不具备加热条件时,应延期进行。

7　塑料排水管道不得采用刚性管基基础,严禁采用刚性桩直接支撑管道。

3.11.2　地漏水封深度应符合设计和规范要求。

地漏的安装应平整、牢固,低于排水表面,周边无渗漏。地漏水封高度不得小于50 mm。严禁采用钟罩(扣碗)式地漏。

3.11.3　PVC 管道的阻火圈、伸缩节等附件安装应符合设计和规范要求:

1　排水塑料管应按设计要求及位置装设伸缩节。如设计无要求,伸缩节间距不得大于 4 m。

2　当建筑塑料排水管穿越楼层、防火墙、管道井井壁时,应根据建筑物性质、管径和设置条件及穿越部位防火等级等要求设置阻火装置。当管径大于或等于 110 mm 时,应在下列位置设置阻火圈:

(1)明敷立管穿越楼层的贯穿部位。

(2)横管穿越防火分区的隔墙和防火墙的两侧。

(3)横管穿越管道井井壁或管窿围护墙体的贯穿部位外侧。

3.11.4　管道穿过楼板、墙体时的处理应符合设计和规范要求。

1　管道穿过建(构)筑物外墙时,应采取防水措施。对有严格防水要求的建(构)筑物,必须采用柔性防水套管。

2　管道穿过墙壁和楼板时,应设置金属或塑料套管。穿过楼板的套管与管道之间缝隙应用阻燃密实材料和防水油膏填实,端面光滑。穿墙套管与管道之间缝隙宜用阻燃密实材料填实,且端面应光滑。管道的接口不得设在套管内。

3　封闭楼梯间、防烟楼梯间及其前室内禁止穿过或设置可燃气体管道。敞开楼梯间内不应设置可燃气体管道,当住宅建筑的敞开楼梯间内确需设置可燃气体管道和可燃气体计量表时,应采用金属管和设置切断气源的阀门。

4　有防水要求的建筑地面工程,铺设前必须对立管、套管和地漏与楼板节点之间进行密封处理,并应进行隐蔽验收;排水坡度应符合设计要求。

5　安装在楼板内的套管,其顶部应高出装饰地面 20 mm;安装在卫生间及厨房内的套管,其顶部应高出装饰地面 50 mm,底部应与楼板底面相平;安装在墙壁内的套管其两端应与饰面相平。

3.11.5　室内、外消火栓安装应符合设计和规范要求。

1　室内消火栓系统在屋顶层(或水箱间内)和首层(两处)设有试

验用消火栓,试验用消火栓栓口处应设置压力表。

2 安装消火栓水龙带时,水龙带与水枪和快速接头绑扎好后,应根据箱内构造将水龙带挂放在箱内的挂钉、托盘或支架上。

3 箱式消火栓的安装应符合下列规定:

(1)栓口应朝外,并不应安装在门轴侧。

(2)栓口中心距地面为1.1 m,允许偏差±20 mm。

(3)阀门中心距箱侧面为140 mm,距箱后内表面为100 mm,允许偏差为±5 mm。

(4)消火栓箱体安装的垂直度允许偏差为±3 mm。

4 室内消火栓应设置明显的永久性固定标识,消火栓箱门上应用红色字体注明"消火栓"字样。当室内消火栓因美观要求需要隐蔽安装时,应有明显的标志,并应便于开启使用。

5 室外消火栓的安装应符合下列规定:

(1)室外消火栓的位置标志应明显,栓口的位置应方便操作。室外消火栓采用墙壁式时,如设计未要求,进、出水栓口的中心安装高度距地面为1.1 m,其上方应设有防坠落物打击的措施。

(2)室外消火栓的各项安装尺寸应符合设计要求,栓口安装设计允许偏差为±20 mm。

6 地下式消防水泵接合器顶部进水口或地下式消火栓顶部出水口与消防井盖底面的距离不得大于400 mm,井内应有足够的操作空间,并设爬梯。寒冷地区井内应做防冻保护。

3.11.6 水泵安装应牢固,平整度、垂直度等应符合设计和规范要求。

1 水泵就位前应按设计要求对基础进行验收。

2 立式水泵的减振装置不应采用弹簧减振器。

3 水泵安装的允许偏差应符合规范要求,水泵试运转的轴承温升必须符合设备说明书的规定。

3.11.7 仪表安装应符合设计和规范要求,阀门安装应方便操作。

1 仪表安装和使用前应进行检查、校准和试验。

2 平衡阀、调节阀、补偿器、蒸汽减压阀、疏水器、除污器、过滤器及热量表、水表等型号、规格、公称压力及安装位置应符合设计要求。

3 阀门安装应牢固可靠、便于观察和操作,常开或常关标识清晰。

3.11.8 生活水箱安装应符合设计和规范要求。

1 水箱的规格、型号和材质等应符合设计要求。

2 敞口水箱的满水试验和密闭水箱(罐)的水压试验应符合设计与规范的规定。

3 水箱支架或底座安装,其尺寸及位置应符合设计规定,埋设平整牢固。

4 水箱溢流管和泄水管应设置在排水地点附近但不得与排水管直接连接,出口应设网罩。

3.11.9 气压给水或稳压系统应设置安全阀。

1 安全阀的规格、型号应符合设计要求,安全阀的定压和调整应符合规范要求。

2 安全阀前后的连接管和管件的通孔,其截面面积不得小于安全阀的进口面积。

3 安全阀装设位置,应便于日常检查、维护和检修。

3.12 通风与空调工程

3.12.1 风管加工的强度和严密性应符合设计和规范要求。

1 风管材料的品种、规格和性能应符合设计及规范要求。

2 金属风管与配件的咬口缝应紧密、宽度一致、折角平直、圆弧均匀、端面平行,表面平整、凸凹不大于 10 mm;金属风管法兰的焊缝应熔合良好,法兰平面度的允许偏差为± 2 mm,同批量加工的相同规格法兰的螺孔排列应一致,并具有互换性。

3 柔性短管采用抗腐蚀、防潮、不透气及不易霉变的柔性材料,柔性短管不得为异径连接管。

4 风管加工质量应通过工艺性的检测或验证,强度和严密性要求应符合规范要求。

3.12.2 防火风管和排烟风管使用的材料应为不燃材料。

1 防火风管的本体、框架与固定材料、密封垫料等必须采用不燃材料,防火风管的耐火极限时间应符合系统防火设计的规定。

2 采用型钢框架外敷防火板的防火风管,防火板敷设形状应规整,固定应牢固,接缝应用防火材料封堵严密,且不应有穿孔。

3 防排烟系统的柔性短管必须采用不燃材料。

3.12.3 风机盘管机组和管道的绝热材料进场时,应取样复试合格。

风机盘管机组和绝热材料进场时,应对其下列技术性能参数进行复验,复验应为见证取样送检。

(1)风机盘管机组的供冷量、供热量、风量、水阻力、功率和噪声。

(2)绝热材料的导热系数、密度、吸水率。

3.12.4 风管系统的支架、吊架、抗震支架的安装应符合设计和规范要求。

1 风管支架、吊架的设置间距应符合规范要求。

2 支架、吊架预埋件位置应正确,安装应牢固可靠。

3 风管系统支架、吊架的形式和规格应按工程实际情况选用,风管直径大于2 000 mm或边长大于2 500 mm风管的支架、吊架的安装,应按设计要求执行。

4 抗震支架、吊架的设置应符合设计要求。

3.12.5 风管穿过墙体或楼板时,应按要求设置套管并封堵密实。

1 当风管穿过需要封闭的防火、防爆的墙体或楼板时,必须设置厚度不小于1.6 mm的钢制防护套管;风管与防护套管之间应采用不燃柔性材料封堵严密。

2 外保温风管必须穿越封闭的墙体时,应加设套管。

3 风管穿出屋面处应设置防雨装置,且不得渗漏。

3.12.6 水泵、冷却塔的技术参数和产品性能应符合设计和规范要求。

1 水泵、冷却塔的铭牌或随机文件的技术参数和产品性能参数应符合设计要求。

2　水泵、冷却塔本体安装及连接附属管道、部件及设备安装应满足设计及规范要求。管道与水泵的连接应采用柔性接管,且应为无应力状态,不得有强行扭曲、强制拉伸等现象。

3　水泵、冷却塔等设备试运转应符合规范要求。

3.12.7　空调水管道系统应进行强度和严密性试验。

1　工作压力大于 1.0 MPa 及在主干管上起切断作用和系统冷、热水运行转换调节功能的阀门和止回阀,在安装前应进行壳体强度和阀瓣密封性试验;隐蔽安装部位的空调水管道安装完成后,应在水压试验合格后方能交付隐蔽工程施工,形成记录。

2　空调水管道系统的管道、管配件及阀门等按设计要求安装完毕,外观检查合格后,应按设计要求或规范要求进行水压试验,形成记录。当设计无要求时,应符合下列规定:

(1)冷(热)水、冷却水与蓄能(冷、热)系统的试验压力,当工作压力≤1.0 MPa 时,应为 1.5 倍工作压力,最低不应小于 0.6 MPa;当工作压力>1.0 MPa 时,应为工作压力+0.5 MPa。

(2)系统最低点压力升至试验压力后,应稳压 10 min,压力下降不应大于 0.02 MPa,然后应将系统压力降至工作压力,外观检查无渗漏为合格。对于大型、高层建筑等垂直位差较大的冷(热)水、冷却水管道系统,当采用分区、分层试压时,在该部位的试验压力下,应稳压 10 min,压力不得下降,再将系统压力降至该部位的工作压力,外观检查无渗漏为合格。

(3)各类耐压塑料管的强度试验压力(冷水)应为 1.5 倍的工作压力,且不应小于 0.9 MPa;严密性试验压力应为 1.15 倍的设计工作压力。

3.12.8　空调制冷系统、空调水系统与空调风系统的联合试运转及调试应符合设计和规范要求。

1　通风与空调工程安装完毕后应进行系统调试,系统调试分为设备单机试运转及调试和系统非设计满负荷条件下的联合试运转及调试,调试须形成记录。

2　设备单机试运转及调试和系统非设计满负荷条件下的联合试运转及调试应符合规范要求,调试需形成记录。

3　空调系统联合试运转及调试需在制冷期或采暖期进行。

3.12.9　防排烟系统联合试运行与调试后的结果应符合设计和规范要求。

1　系统调试应在系统施工完成及与工程有关的火灾自动报警系统及联动控制设备调试合格后进行,防排烟系统联合试运行及调试应满足设计和消防规范要求。

2　防排烟系统经过风量平衡调整,各风口及吸风罩的风量与设计风量的允许偏差符合规范要求。

3　防排烟系统设备及主要部件的联动应符合设计要求,动作应协调正确,不应有异常现象。

3.13　建筑电气工程

3.13.1　除临时接地装置外,接地装置应采用热镀锌钢材。

1　接地装置的材料规格、型号应符合设计要求,除临时接地装置外,接地装置应采用热镀锌钢材,不应采用铝导体作为接地极或接地线。水平敷设的应采用热镀锌的圆钢或扁钢,垂直敷设的应采用热镀锌的角钢、钢管或圆钢。

2　特殊要求接地装置可按设计采用扁铜带、铜绞线、铜棒、铜覆钢(圆线、绞线)、锌覆钢等材料。

3　不应采用铝导体作为接地极或接地线。

4　接地装置在地面以上部分,应按设计要求设置测试点,测试点不应被外墙饰面遮蔽,且应有明显标识。

5　接地装置的焊接应采用搭接焊,除埋设在混凝土中的焊接接头外,应采取防腐措施。焊接搭接长度应符合规范要求。

3.13.2　接地(PE)或接零(PEN)支线应与接地(PE)或接零(PEN)干线连接。接地线的连接应可靠,不应因加工造成接地线截面减小、强度减弱或锈蚀;电气设备上的接地线,应采用热镀锌螺栓连接;接地干线跨越建筑物变形缝时,应采取补偿措施。

3　接地干线全长度或区间段及每个连接部位附件的表面,应按规范要求设置宽度相等的黄绿相间条纹标识;当使用胶带时,应使用双色胶带,中性线宜涂淡蓝色标识。

3.13.3　接闪器与防雷引下线、防雷引下线与接地装置应可靠连接。

1　接闪器与防雷引下线必须采用焊接或卡接器连接,防雷引下线与接地装置必须采用焊接或螺栓连接。

2　设计要求接地的幕墙金属框架和建筑物的金属门窗,应就近与防雷引下线连接可靠,连接处不同金属间应采取防电化学腐蚀措施。

3　建筑物上的防雷设施接地线,应设置断接卡。

4　独立避雷针及其接地装置与建筑物的出入口的距离应大于 3 m;当小于 3 m 时,应采取均压措施或铺设卵石或沥青地面。

5　除设计要求外,兼做引下线的承力钢结构构件、混凝土梁、柱内钢筋与钢筋的连接,应采用土建施工的绑扎法或螺丝扣的机械连接,严禁热加工连接。

6　建筑物外的引下线敷设在人员可停留或经过的区域时,应采用下列一种或多种方法,防止接触电压和旁侧闪络电压对人员造成伤害:

(1)外露引下线在高 2.7 m 以下部分应穿不小于 3 mm 厚的交联聚乙烯管,交联聚乙烯管应能耐受 100 KV 冲击电压(1.2/50 μs 波形)。

(2)应设立阻止人员进入的护栏或警示牌。护栏与引下线水平距离不应小于 3 m。

7　建筑物顶部和外墙上的接闪器应与建筑物栏杆、旗杆、吊车梁、管道、设备、太阳能热水器、门窗、幕墙支架等外露的金属物进行电气连接。

3.13.4　电动机等外露可导电部分应与保护导体可靠连接。

1　电动机、电加热器及电动执行机构等电气设备外露可导电部分应单独与保护导体可靠连接,不应串联连接,连接导体材质、截面面积应符合设计要求。采用螺栓连接时,其螺栓、垫圈、螺母等应为热镀锌制品,防松零件齐全,且应连接牢固。

2 电动机、电加热器及电动执行机构等电气设备的绝缘电阻值不应小于 0.5 MΩ。保护接地端子除用作保护接地外,不得兼作他用。

3.13.5 母线槽与分支母线槽应与保护导体可靠连接。

1 母线槽与分支母线槽组装前应对每段进行绝缘电阻的测定,测量结果应符合设计要求,并做好记录;母线槽的端头应装封闭罩,各段母线槽外壳的连接应是可拆的,外壳间有跨接地线,两端应可靠接地,保护导体的材质应符合设计要求。

2 当设计将母线槽的金属外壳作为保护接地导体(PE)时,其外壳导体应具有连续性且应符合规范要求。

3.13.6 金属梯架、托盘或槽盒本体之间的连接应符合设计要求。

1 金属梯架、托盘或槽盒应与保护导体直接连接,不应串联连接,连接导体的材质、截面面积应符合设计要求。

2 金属梯架、托盘或槽盒本体之间的连接应牢固可靠,与保护导体的连接应符合规范要求。

3 金属梯架、托盘或槽盒与支架间及与连接板的固定螺栓应紧固无遗漏,螺母应位于金属梯架、托盘或槽盒外侧;但铝合金梯架、托盘或槽盒与钢支架固定时,应有相互间绝缘的防电化腐蚀措施。

4 当金属梯架、托盘或槽盒跨越建筑物伸缩缝处时,应设置补偿装置。

3.13.7 电缆敷设时,交流单芯电缆或分相后的每相电缆不得单根独穿于钢导管内,固定用的夹具和支架不应形成闭合磁路。交流系统单芯电缆敷设应采取符合规范要求的防涡流措施。

3.13.8 灯具的安装应符合设计要求。

1 灯具固定应符合规范要求。

2 对成套灯具的绝缘电阻、内部接线等性能进行现场抽样检测。灯具的绝缘电阻值不小于 2 MΩ,灯具内部接线为铜芯绝缘导线,线芯截面面积不小于 0.5 mm^2。灯具安装必须严格控制照明器具接线相位的准确性。

3　Ⅰ类灯具外露可导电部分必须采用铜芯软导线与保护导体可靠连接,连接处应设置接地标识,铜芯软导线的截面面积应与进入灯具的电源线截面面积相同。

4　应急灯具安装应符合规范要求。

5　3 kg以上的灯具、投影仪等重型设备和电扇、音箱等有振动荷载的设备严禁安装在吊顶工程的龙骨上,应另设独立吊杆安装在结构上。质量大于10 kg的灯具,其固定装置应按5倍灯具重量的恒定均布载荷全数做强度试验,历时15 min,固定装置的部件应无明显变形。

6　安装在公共场所的灯具的玻璃罩,应采取防止玻璃罩向下溅落的措施,避免造成安全事故。灯具及其附件、紧固件、底座和与其相连的导管、接线盒等应有防腐和防水措施,不同灯具的防腐防水应符合规范要求。

3.13.9　电缆敷设。

1　有耐火要求的线路,矿物绝缘电缆中间连接附件的耐火等级不应低于电缆本体的耐火等级。

2　交流系统单芯电缆敷设应采取下列防涡流措施:

(1)电缆应分回路进出钢制配电箱(柜)、桥架。

(2)电缆应采用金属件固定或金属线绑扎,且不得形成闭合铁磁回路。

(3)当电缆穿过钢管(钢套管)或钢筋混凝土楼板、墙体的预留洞时,应分回路敷设。

3　电缆首末端、分支处及中间接头处应设标志牌。

4　当电缆穿越不同防火分区时,其洞口应采用不燃材料进行封堵。

5　当电缆铜护套作为保护导体使用时,终端接地铜片的最小截面面积不应小于电缆铜护套截面面积,电缆接地连接线允许最小截面面积应符合规定。

3.14 智能建筑工程

3.14.1 紧急广播系统应按规定检查防火保护措施。

1 当紧急广播系统具有火灾应急广播功能时,应检查传输线缆、槽盒和导管的防火保护措施。

2 火灾应急广播系统传输线路明敷(包括敷设在吊顶内)时,需要穿金属导管或金属槽盒,并在金属导管或金属槽盒上涂防火涂料进行保护。

3 火灾应急广播系统传输线路暗敷时,需要穿导管,并且敷设在不燃烧体结构内且保护层厚度不小于 30 mm。

4 火灾应急广播系统传输线路采用阻燃或耐火电缆,敷设在电缆井、电缆沟内,可以不采取防火保护措施。

3.14.2 火灾自动报警系统的主要设备应是通过国家认证(认可)的产品。

1 材料、设备及配件进入施工现场应具有清单、使用说明书、质量合格证明文件、国家法定质检机构的检验报告等文件,火灾自动报警系统中的强制认证产品还应有认证证书和认证标识。

2 系统中国家强制认证产品的名称、型号、规格应与认证证书和检验报告一致。

3 系统中非国家强制认证产品的名称、型号、规格应与检验报告一致,检验报告中未包括的配接产品接入系统时,应提供系统组件兼容性检验报告。

4 系统设备及配件的规格、型号应符合设计要求。

3.14.3 火灾探测器不得被其他物体遮挡或掩盖。

火灾探测器的安装应符合规范要求,不得被其他物体遮挡或掩盖。

3.14.4 消防系统的线槽、导管的防火涂料应涂刷均匀。

消防系统的线槽、导管的防火涂料应根据防火涂料产品参数要求,结合建筑物防火设计要求进行涂刷,完成后的涂料层应均匀,厚度应满足防火时限要求。

3.14.5　当与电气工程共用线槽时,应与电气工程的导线、电缆有隔离措施。

1　消防配电线路宜与其他配电线路分开敷设在不同的电缆井、沟内;确有困难而需敷设在同一电缆井、沟内时,应分别布置在电缆井、沟的两侧,且消防配电线路应采用矿物绝缘类不燃性电缆。

2　弱电系统设备信号传输、供电和控制等线缆在正常环境的室内场所采用穿导管或在封闭式槽盒内敷设时,应符合规范要求。

3.15　建筑节能工程

3.15.1　当工程设计变更时,建筑节能性能不得降低,且不得低于国家现行有关建筑节能设计标准的规定。

3.15.2　墙体节能工程使用的材料、产品进场时,应按设计及规范要求进行性能复验,复验应为见证取样检验。

1　保温隔热材料应复验:导热系数或热阻、密度、压缩强度或抗压强度、垂直于板面方向的抗拉强度、吸水率、燃烧性能(不燃材料除外)。

2　复合保温板等墙体节能定型产品应复验:传热系数或热阻、单位面积质量、拉伸黏结强度、燃烧性能(不燃材料除外)。

3　保温砌块等墙体节能定型产品应复验:传热系数或热阻、抗压强度、吸水率。

4　反射隔热材料应复验:太阳光反射比、半球发射率。

5　黏结材料应复验:拉伸黏结强度。

6　抹面材料应复验:拉伸黏结强度、压折比。

7　增强网应复验:力学性能、抗腐蚀性能。

3.15.3　墙体节能工程的施工质量应符合设计和规范要求。

1　保温隔热材料的厚度不得低于设计要求。

2　保温板材与基层之间及各构造层之间的黏结或连接必须牢固。保温板材与基层的连接方式、拉伸黏结强度应进行现场拉拔试验,且不得在界面破坏。黏结面积比应进行剥离检验。

3 当采用保温浆料做外保温层时,厚度大于 20 mm 的保温浆料应分层施工。保温浆料与基层之间及各层之间的黏结必须牢固,不应脱层、空鼓和开裂。

4 当保温层采用锚固件固定时,锚固件数量、位置、锚固深度、胶结材料性能和锚固力应符合设计和施工方案的要求;保温装饰板的锚固件应使其装饰面板可靠固定;锚固力应做现场拉拔试验。

3.15.4 幕墙(含采光顶)节能工程使用的材料、构件进场时,应按设计及规范要求进行性能复验,复验应为见证取样检验。

1 保温隔热材料应复验:导热系数或热阻、密度、吸水率、燃烧性能(不燃材料除外)。

2 幕墙玻璃应复验:可见光透射比、传热系数、遮阳系数、中空玻璃的密封性能。

3 隔热型材应复验:抗拉强度、抗剪强度。

4 透光、半透光遮阳材料应复验:太阳光透射比、太阳光反射比。

3.15.5 门窗(包括天窗)节能工程使用的材料、构件进场时,应按工程所处的气候区核查质量证明文件、节能性能标识证书、门窗节能性能计算书、复验报告,并应按设计及规范要求进行性能复验,复验应为见证取样检验。门窗应复验传热系数、气密性能,玻璃应复验遮阳系数、可见光透射比。

3.15.6 屋面节能工程使用的材料进场时,应按设计及规范要求进行性能复验,复验应为见证取样检验。

1 保温隔热材料应复验:导热系数或热阻、密度、压缩强度或抗压强度、吸水率、燃烧性能(不燃材料除外)。

2 反射隔热材料应复验:太阳光反射比、半球发射率。

3.15.7 地面节能工程使用的保温材料进场时,应对其导热系数或热阻、密度、压缩强度或抗压强度、吸水率、燃烧性能等性能进行复验,复验应为见证取样检验。

第 4 章　市政基础设施工程实体质量控制

4.1　道路工程

4.1.1　路基填料强度应满足规范要求。

1　填方材料

(1)填方材料的强度(CBR)值应符合设计和规范要求。

(2)不得使用淤泥、沼泽土、泥炭土、冻土、有机土及含生活垃圾的土做路基填料。

(3)对液限大于 50%、塑性指数大于 26、可溶盐含量大于 5%、700 ℃有机质烧失量大于 8%的土,未经技术处理不得用作路基填料。

2　路基填方

(1)不同性质的土应分类、分层填筑,不得混填,下层填土验收合格后,方可进行上层填筑。路基填土宽度每侧应比设计规定宽 50 cm。

(2)路基填筑中宜做成双向横坡,一般土质填筑横坡宜为 2%~3%,透水性小的土类填筑横坡宜为 4%。

(3)原地面横向坡度在 1∶1~1∶5时,应先翻松表土、再进行填土;原地面横向坡度陡于 1∶5时应做成台阶形,每级台阶宽度不得小于 1 m,台阶顶面应向内倾斜;在沙土地段可不做台阶,但应翻松表层土。

4.1.2　土方路基施工应符合设计和规范要求。

1　施工排水与降水应保证路基土壤天然结构不受扰动,保证附近建筑物和构筑物的安全。

2　土方应自上向下分层开挖,严禁掏洞开挖。作业中断或作业后,开挖面应做成稳定边坡。

3 性质不同的填料,应分类、分层填筑,不得混填。

4.1.3 石方路基施工应符合设计和规范要求。

1 爆破法施工石方前,应进行爆破设计,制定专项施工方案;在市区、居民稠密区,宜使用静音爆破,严禁使用扬弃爆破。

2 填石路堤应分层填筑压实,路堤填料粒径应符合设计要求,且不大于500 mm,并不宜超过层厚的2/3;路基范围内管线、构筑物四周的沟槽宜回填土料。

4.1.4 沟槽回填土施工应符合设计和规范要求。

1 在预制涵洞现浇混凝土基础强度及预制件装配接缝的水泥砂浆强度达5 MPa、砌体涵洞砌体砂浆强度达5 MPa且预制盖板安装后方可进行回填。现浇钢筋混凝土涵洞胸腔回填土宜在混凝土强度达到设计强度的70%后进行,顶板以上填土应在达到设计强度后进行。

2 涵洞两侧应同时对称回填。

4.1.5 路基压实度应满足设计和规范要求。

1 路基施工前应先修筑试验段,以确定能达到最大压实干密度时的松铺厚度与压实机械组合,及相应的压实遍数、沉降差等施工参数。

2 土方路基压实应先轻后重、先慢后快、均匀一致。碾压应自路基边缘向中央进行。土方路基压实应在土壤含水量接近最佳含水量值时进行。

3 土方路基每层压实层均应进行压实度检验,土质路床顶面压实完成后每车道应进行弯沉检验。

4 填石路基压实密度应符合试验路段确定的施工工艺,沉降差不应大于试验路段确定的沉降差。路床顶面应进行外观检查。

4.1.6 基层结构强度应满足设计要求。

1 石灰稳定土类基层

(1)石灰稳定土类基层材料。

宜采用塑性指数10~15的亚黏土、黏土。塑性指数大于4的砂性土亦可使用。土中的有机物含量宜小于10%。

若使用旧路的级配砾石、砂石或杂填土等,应先进行试验。级配砾石、砂石等材料的最大粒径不宜超过0.6倍分层厚度,且不得大于

10 cm。土中欲掺入碎砖等粒料时，粒料掺入含量应经试验确定。

(2) 石灰土摊铺。

路床应湿润，压实系数应经试验确定。石灰土宜采用机械摊铺。每次摊铺长度宜为一个碾压段。摊铺掺有粗集料的石灰土时，粗集料应均匀。

(3) 石灰土碾压。

碾压时的含水量宜在最佳含水量的±2%范围内。

对于直线和不设超高的平曲线段，应由两侧向中心碾压；对于设超高的平曲线段，应由内侧向外侧碾压。

初压时，碾速以 1.5~1.7 km/h 为宜；灰土初步稳定后，碾速以 2.0~2.5 km/h 为宜。

(4) 纵、横接缝。

纵向接缝宜设在路中线处。接缝应做成阶梯形，梯级宽不得小于 1/2 层厚。

(5) 石灰土养护。

石灰土成活后应立即洒水(或覆盖)养护，保持湿润，直至上部结构施工。

石灰土养护期应封闭交通。

2　石灰、粉煤灰稳定砂砾基层

(1) 混合料摊铺。

路床应湿润，压实系数应经试验确定。混合料宜采用机械摊铺。每次摊铺长度宜为一个碾压段。

混合料在摊铺前其含水量宜为最佳含水量的±2%。混合料每层最大压实厚度为 20 cm，且不宜小于 10 cm。

(2) 混合料碾压应符合石灰土基层碾压的规定。

(3) 混合料养护。

混合料基层，应在潮湿状态下养护。养护期视季节而定，常温下不宜少于 7 d。

采用洒水养护时，应及时洒水，保持混合料湿润；养护期间宜封闭交通。

4.1.7 基层压实度应满足设计和规范要求。

1 各类基层施工前应通过试验确定压实系数、压实机具、压实遍数等参数。

2 基层施工中严禁用贴薄层方法整平修补表面。

3 采用水泥稳定土类作道路基层时,碾压应在含水量等于或略大于最佳含水量时进行。应碾压至表面平整,无明显轮迹,且达到压实度要求。

4 各类基层压实度应符合设计和规范要求。

4.1.8 水泥混凝土面层结构应满足设计和规范要求。

1 水泥混凝土面层中的水泥、外加剂、钢筋、钢纤维、集料及水应进行进场检验。

2 混凝土面层的配合比应满足弯拉强度、工作性、耐久性三项技术要求。

4.1.9 水泥混凝土面层施工应符合设计和规范要求。

1 模板应安装稳固、顺直、平整,无扭曲,相邻模板连接应紧密平顺,不得错位。严禁在基层上挖槽嵌入模板。

2 混凝土浇筑前基层表面、模板位置、高程等符合设计要求。模板支撑接缝严密、模内洁净、隔离剂涂刷均匀。钢筋、预埋胀缝板的位置正确,传力杆等安装符合要求。

3 混凝土面层应拉毛、压痕或刻痕。

4 水泥混凝土面层应板面平整、密实,边角应整齐、无裂缝,并应无石子外露和浮浆、脱皮、踏痕、积水现象。

5 水泥混凝土面层弯拉强度、厚度、抗滑构造深度应符合设计要求。

6 在面层混凝土弯拉强度达到设计强度,且填缝完成前,不得开放交通。

4.1.10 沥青面层结构应满足设计和规范要求。

1 热拌沥青面层中的沥青、粗集料、细集料、矿粉及纤维稳定剂应进行进场检验,品质应符合马歇尔试验配合比技术要求。冷拌沥青面层中的乳化沥青应进行进场检验。

2 宜优先采用A级沥青,不宜使用煤沥青。

3 热拌沥青混合料运至摊铺地点,应对搅拌质量与温度进行检查,合格后方可使用。

4.1.11 透层、粘层、封层施工应符合设计和规范要求。

1 透层油应洒布均匀,有花白遗漏的应人工补洒,喷洒过量的应立即撒布石屑或砂吸油,必要时做适当碾压。

2 粘层油宜在摊铺面层当天洒布。

3 封层油宜采用改性沥青或改性乳化沥青。沥青应洒布均匀、不露白,封层应不透水。

4.1.12 热拌沥青混合料施工应符合设计和规范要求。

1 热拌沥青混合料施工前应通过试验确定松铺系数、压实机具、施工工艺、最低摊铺温度等参数。城市快速路、主干路不宜在气温低于10 ℃条件下施工。

2 热拌沥青混合料的出料、到现场、摊铺、碾压、碾压终了和开放交通温度应符合规范要求。

3 摊铺沥青混合料应均匀、连续不间断,不得随意变换摊铺速度或中途停顿。摊铺速度宜为2~6 m/min。

4 压实应按初压、复压、终压三个阶段进行。

(1)压路机应以慢而均匀的速度碾压初压,应采用轻型钢筒式压路机碾压1~2遍,碾压速度宜为1.5~2 km/h,最大不超过3 km/h。初压后应检查平整度、路拱,必要时应修整。

(2)复压应连续进行。碾压段长度宜为60~80 m。当采用不同型号的压路机组合碾压时,每一台压路机均应做全幅碾压。密级配沥青混凝土宜优先采用重型的轮胎压路机进行碾压,碾压至要求的压实度为止。

(3)终压宜选用双轮钢筒式压路机,碾压至无明显轮迹为止。

5 沥青混合料接缝,上、下层的纵向热接缝应错开15 cm,冷接缝应错开30~40 cm。相邻两幅及上、下层的横向接缝均应错开1 m以上。在冷接槎施工作业前,应对槎面涂少量沥青并预热。

6 路面应待摊铺层自然降温至表面温度低于50 ℃后,方可开放交通。

7 面层压实度、厚度、弯沉值三项主控项目应满足设计和规范要求。对城市快速路、主干路压实度不应小于96%,对次干路及以下道路不应小于95%。

4.1.13 挡土墙施工应符合设计和规范要求。

1 挡土墙基础地基承载力必须符合设计要求,且经检测验收合格后方可进行后续工序施工。

2 施工中应按规定设置挡土墙的排水系统、泄水孔、反滤层和结构变形缝。

3 墙背填土应采用透水性材料或设计规定的填料。

4 现浇钢筋混凝土挡土墙在混凝土浇筑前,钢筋、模板应经验收合格;混凝土宜分层浇筑、分层振捣密实。

5 装配式钢筋混凝土挡土墙施工在安装前应将构件与连接部位凿毛,并清扫干净;墙板灌缝应插捣密实,勾缝应密实、平顺。

6 砌体挡土墙施工中应注意控制砌体的位置、高程与垂直度;施工沉降缝嵌缝板安装应位置准确、牢固;砌块应上下错缝、丁顺排列、内外搭接,砂浆应饱满。

7 加筋土挡土墙施工前应对筋带材料进行拉拔、剪切、延伸性能复试,其指标符合设计规定后方可使用;施工中应控制加筋土的填土层厚及压实度;压实度应符合设计规定,且不得小于95%。

4.1.14 人行道铺筑施工应符合设计和规范要求。

1 人行道铺筑的路床和基层压实度应符合设计和规范要求。

2 水泥混凝土预制人行道砌块的抗压强度应符合设计要求。砌块应表面平整、粗糙、纹路清晰、棱角整齐,不得有蜂窝、露石、脱皮等现象;彩色人行道砖色彩均匀。

3 预制砌块进场后,应经检验合格后方可使用。

4 铺砌应采用干硬性水泥砂浆。

5 铺砌中砂浆应饱满,且表面平整、稳定、缝隙均匀。

4.1.15 附属构筑物施工应符合设计和规范要求。

1 路缘石的安装应线条顺畅,灌缝应密实。曲线段的路缘石宜按设计弧形加工预制。

2　盲道必须避开树池、检查井、杆线等障碍物；行进盲道砌块与提示盲道砌块不得混用。

4.2　桥梁工程

4.2.1　灌注桩施工应符合设计和规范要求。

1　钻孔灌注桩成孔后，应对孔径、孔深和孔的倾斜度进行检验。混凝土浇筑前应对孔底沉渣厚度进行检验。

2　不得采用加深钻孔深度的方式代替清孔。

3　灌注桩混凝土施工应一次性连续浇筑。

4.2.2　沉桩施工应符合设计和规范要求。

1　沉桩工程应在施工前进行工艺试桩和承载力试桩，确定沉桩的施工工艺、技术参数和检验桩的承载力。

2　在锤击沉桩和振动沉桩过程中发现以下情况时应暂停施工，并采取措施进行处理：贯入度发生剧变；桩身发生突然倾斜、位移或有严重回弹；桩头或桩身破坏；地面隆起；桩身上浮。

4.2.3　扩大基础施工应符合设计和规范要求。

1　基础位于旱地上，且无地下水时，基坑顶面应设置防止地面水流入基坑的设施。

2　深基坑应严格按照审批后的施工方案实施。

3　基底应避免超挖，严禁受水浸泡和受冻。坑壁必须稳定。

4　基坑内地基承载力必须满足设计要求。基坑开挖完成后，应会同设计、勘察单位实地验槽，确认地基承载力满足设计要求。

5　承台混凝土宜连续浇筑成型。分层浇筑时，接缝应按施工缝处理。

4.2.4　现浇混凝土墩台、盖梁施工应符合设计和规范要求。

1　重力式混凝土墩台混凝土浇筑前，应对基础混凝土顶面进行凿毛处理，清除锚筋污锈；浇筑时宜水平分层浇筑。墩台柱与承台基础接触面应凿毛处理，清除钢筋污锈。墩台柱的混凝土宜一次连续浇筑完成。

2 在桥墩模板的安装过程中应通过测量监控措施保证桥墩的垂直度,并应有防倾覆的临时措施。

3 在墩台帽、盖梁和系梁与墩身的连接处,模板与墩台身之间应密贴,不得出现漏浆现象。钢筋安装施工时,应避免在钢筋的接头处起弯,并应保证钢筋混凝土的保护层厚度。对支座垫石的预埋钢筋及上部结构所需要的预埋件,其位置应准确。

4.2.5 预制钢筋混凝土柱及盖梁施工应符合设计和规范要求。

1 基础杯口的混凝土强度必须达到设计要求,方可进行预制柱安装。

2 杯口与预制柱接触面均应凿毛处理,埋件应除锈并应校核位置,合格后方可安装。

3 预制盖梁安装时,应对接头混凝土面进行凿毛处理,预埋件应除锈。

4.2.6 台背填土施工应符合设计和规范要求。

1 台背填土不得使用含杂质、腐殖土或冻土块等土类,宜采用透水性土。

2 台背、锥坡应一次施工完毕。

4.2.7 支座施工应符合设计和规范要求。

1 支座进场后,应对其规格型号、数量、产品合格证等进行检查。

2 支座在安装前,应对支座垫石的混凝土强度、平面位置、顶面高程、预留地脚螺栓孔和预埋钢垫板等进行复核检查;支座垫石的顶面高程应准确,表面应平整、清洁。

3 支座安装完成后,其顺桥方向的中心线应与梁顺桥方向的中心线水平投影重合或相平行,且支座应保持水平,不得有偏斜、不均匀受力和脱空等现象。

4 支座钢件的外露表面应按照设计和规范进行防腐处理。

4.2.8 混凝土梁(板)施工应符合设计和规范要求。

1 支架现浇施工中模板、支架和拱架应稳定、牢固,应具有足够的承载力、刚度和稳定性;在混凝土浇筑过程中,应对支架的变形、位移、节点和卸架设备的压缩及支架地基的沉降等进行监测；支架的地基承载力应符合要求。

2　悬臂浇筑施工中挂篮的强度、刚度和稳定性应满足要求；桥墩两侧梁段悬臂施工应对称、平衡，平衡偏差不得大于设计要求。

3　装配式梁（板）安装前应对质量进行验收，对墩台的施工质量进行检验，并应对支座或临时支座的平面位置和高程进行复测；梁（板）就位后，应及时设置锁定装置或支撑将构件临时固定。

4　顶推施工中临时墩及墩顶设置的滑座、滑块应有足够的强度、刚度及稳定性；顶推前，应检查顶推千斤顶的安装位置，校核梁段的轴线及高程，检查桥墩（含临时墩）、临时支墩上的滑座轴线及高程。

4.2.9　预应力施工应符合设计和规范要求。

1　进场时，应对预应力筋、锚具、夹具和连接器的质量证明文件、型号、规格等进行检验。

2　预应力管道应具有足够的刚度，定位后的管道应平顺，其端部的中心线应与锚垫板相垂直。

3　先张法预应力筋应按照一定顺序进行放张；后张法预应力筋应按照一定顺序进行张拉；预应力筋的张拉控制应力必须符合设计要求；采用应力控制方法张拉时，应以伸长值进行校核。

4　后张法预应力施工时，张拉控制应力达到稳定后方可锚固，预应力筋锚固后的外露长度不宜小于 30 mm，严禁使用电弧焊切割；灌浆孔道内的结硬浆体应饱满、密实，充盈度应满足要求。

4.2.10　钢梁施工应符合设计和规范要求。

1　钢梁所使用的钢材表面有锈蚀、麻点或划痕等缺陷时，其深度不得大于该钢材厚度允许偏差值的 1/2。

2　钢梁出厂前必须进行试拼装，并进行验收。

3　钢梁在安装中应采取措施防止杆件产生变形；安装过程中，每完成一个节间应测量其位置、高程和预拱度，应符合要求；采用高强度螺栓连接时，高强度螺栓终拧完毕后必须当班检查。

4　焊接完毕后，所有焊缝必须进行外观检查，且检查合格后应在 24 h 后按规定进行无损探伤检测，确认合格。

5　钢梁涂装前应将钢材表面的焊渣、灰尘、油污、水和毛刺等清理干净,且应进行除锈处理。

6　防腐涂料应有良好的附着性、耐蚀性,其底漆应具有良好的封孔性能。

7　上翼缘板顶面和剪力连接器均不得涂装,在安装前应进行除锈、防腐蚀处理。

4.2.11　钢-混凝土结合梁施工应符合设计和规范要求。

1　混凝土浇筑前,应对钢主梁的安装位置、高程、纵横向连接及临时支架进行检验;钢梁顶面传剪器焊接经检验合格后,方可浇筑混凝土。

2　混凝土桥面结构应按照一定顺序全断面连续浇筑。

4.2.12　混凝土结合梁施工应符合设计和规范要求。

1　预制混凝土主梁与现浇混凝土龄期差不得大于 3 个月。

2　浇筑混凝土前应对主梁强度、安装位置、预留传剪钢筋进行检验,检验合格后方可进行下一道工序施工。

4.2.13　拱部与拱上结构施工应符合设计和规范要求。

1　拱架上浇筑混凝土拱圈应分段浇筑,应对称于拱顶进行。

2　浇筑劲性骨架混凝土拱圈(拱肋)时,各工作面的浇筑顺序和速度应对称、均衡,对应工作面应保持一致。

3　装配式混凝土拱部结构的拱段接头现浇混凝土强度验收合格后,方可进行拱上结构施工。

4　钢管混凝土拱

(1)钢管拱肋元件检验合格后方可组焊,钢管拱肋节段合格后方可安装。

(2)管内混凝土应采用泵送顶升压注施工,由拱脚至拱顶对称均衡地一次性压注完成。质量检测办法应以超声波检测为主,人工敲击为辅。

5　中下承式吊杆、系杆拱

钢吊杆、系杆及锚具的材料、规格和各项技术性能检验合格后方可投入使用。

6　转体施工

施工中应控制结构的预制尺寸、质量和转动体系的施工精度;转动体系和锚固体系应安全可靠;转动设施和锚固设施应安全可靠。

4.2.14　斜拉桥施工应符合设计和规范要求。

1　索塔

索塔施工应选择天顶法或测距法等测量方法,测量方案编制、仪器选择和精度评价等应经过论证,严格控制索塔垂直度、索管位置与角度。

2　主梁

悬臂浇筑、结合梁的混凝土板的浇筑和安装、拼装混凝土主梁、钢箱梁悬臂施工应对称进行;混凝土表面不得出现孔洞、露筋。

3　拉索和锚具

拉索及其锚具应由具备相应资质的专业单位制作,检验合格后方可投入使用。

4　拉索的张拉

张拉设备应按预应力施工的有关规定进行标定;对称同步张拉的斜拉索,张拉中不同步的相对差值不得大于10%。

5　施工控制与索力调整

施工过程中,应对主梁各个施工阶段的拉索索力、主梁标高、塔梁内力及索塔位移量等进行监测,并应及时将有关数据反馈给设计单位,分析确定下一施工阶段的拉索张拉量值和主梁线形、高程及索塔位移控制量值等,直至合龙。

4.2.15　桥面系施工应符合规范要求。

1　排水设施施工中泄水管宜通过竖向管道直接引至地面或雨水管线,泄水管安装应牢固可靠,与铺装层及防水层之间应结合密实,无渗漏现象。

2　桥面防水层施工中卷材防水层应顺桥方向铺贴,应自边缘最低处开始,顺流水方向搭接;防水层严禁在雨天、雪天和5级(含)以上大风天气施工。气温低于-5 ℃时不宜施工。

3　沥青混凝土桥面铺装的层数和厚度应符合设计要求。在水泥混凝土桥面上铺筑沥青铺装层时,铺筑前应在桥面防水层上撒布一层沥青石屑保护层,或在防水黏结层上撒布一层石屑保护层,并用轻碾慢压。

4 水泥混凝土桥面铺装的厚度、材料、铺装层结构、混凝土强度、防水层设置等均应符合设计要求。

5 钢桥面铺装前应涂刷防水黏结层,涂刷防水黏结层前应磨平焊缝、除锈、除污,涂防锈层。

6 桥面伸缩装置施工前应检查修正梁端预留缝的间隙,上下必须贯通,不得堵塞;伸缩装置应锚固可靠,浇筑锚固段(过渡段)混凝土时应采取措施防止堵塞梁端伸缩缝隙;伸缩装置安装前应对照设计要求、产品说明,对成品进行验收,合格后方可使用。安装伸缩装置时应按安装时气温确定安装定位值,保证设计伸缩量。

7 桥梁防护设施施工中防撞护栏顶面高程和位置应准确,位于弯道上的护栏其线形应平顺。护栏处伸缩缝必须全部贯通,并与主梁伸缩缝相对应。

4.2.16 附属结构施工应符合规范要求。

1 防眩板安装应与桥梁线形一致,防眩板的荧光标识面应迎向行车方向。

2 声屏障应连续安装,不得留有间隙,在桥梁伸缩缝部位应按设计要求处理。安装时应选择桥梁伸缩缝一侧的端部为控制点,依序安装。

3 梯道平台和阶梯顶面应平整,不得反坡造成积水。

4 桥上灯柱必须与桥面系混凝土预埋件连接牢固,桥外灯杆基础必须坚实。灯柱、灯杆的电气装置及其接地装置必须符合设计和规范要求。

4.3 轨道交通工程

4.3.1 围护桩施工应符合设计和规范要求。

1 预制桩、灌注桩、旋喷桩、水泥土桩墙和咬合桩的强度应符合设计要求。

2　咬合桩和灌注桩垂直度应符合规范要求，灌注桩位置应符合规范要求。

3　冠梁施工前，应将围护桩桩顶浮浆凿除清理干净，桩顶以上露出的钢筋长度应符合设计要求；桩顶冠梁混凝土强度应符合设计要求。

4.3.2　地下连续墙施工应符合设计和规范要求。

1　施工前应对导墙的质量进行检查。宽度、垂直度、顶面平整度、平面定位、顶标高应符合规范要求。

2　成槽前，应根据地质条件进行护壁泥浆材料的试配及室内性能试验，泥浆配比应按试验确定；泥浆的性能应符合相关技术指标的要求。

3　地下连续墙墙体混凝土抗压强度和抗渗强度等级应符合设计要求。

4　地下连续墙的裸露墙面应表面密实、无渗漏。

5　地下连续墙墙体施工结束后，应对墙体质量进行检验。

6　地下连续墙槽段深度应不小于设计值。

4.3.3　基坑开挖与回填应符合设计和规范要求。

1　基坑应自上而下分层、分段依次开挖。地下连续墙或混凝土灌注桩围护的基坑，应在混凝土或锚杆浆液达到设计文件要求的强度后开挖；土钉墙围护应随挖土随做土钉。

2　基坑用机械开挖至基底应预留 0.2~0.3 m 厚土层采用人工开挖，不应扰动基底土层。

3　基底应经过验槽后，方可进行结构施工。

4　基坑回填土的土质、含水率应符合设计要求。

5　基坑回填宜分层、水平机械压实。压实后的厚度应根据压实机械确定，且不应大于 0.3 m；结构两侧应水平、对称同时填压；基坑分段回填接槎处，已填土坡应挖台阶，其宽度不应小于 1.0 m，高度不应大于 0.5 m。

6　基坑位于道路下方时，基坑回填碾压密实度应符合规范要求。

4.3.4　钢支撑安装施工应符合设计和规范要求。

1　钢质横撑、围檩、活络头、斜撑牛腿等钢构件的制作和拼装质量验收应符合规范要求。

2　钢质横撑安装前应先拼装。

3　钢质横撑应在土方挖至其设计文件规定的位置后安装,应按设计文件要求对坑壁施加预应力,施加预应力应两侧同步、对称、分级重复进行,预加轴力允许偏差应为±50 kN,并应顶紧后固定。设有腰梁的横撑,腰梁应连续,并应连接牢固且与桩体之间密贴。支撑的拆除顺序应符合设计要求。

4　横撑安装位置高程、水平间距应符合规范要求。

4.3.5　综合接地施工应符合设计和规范要求。

1　接地网的埋设深度与间距应符合设计要求。

2　接地极的连接应采用焊接,接地线与接地极的连接应采用焊接。

3　当综合接地网的接地体(线)为铜与铜或铜与钢的连接采用热熔焊时,其熔接接头应符合规范要求。

4　整个接地装置施工完成后应进行检测。

4.3.6　车站主体结构施工应符合设计和规范要求。

1　钢筋加工及安装工程的质量验收应符合规范要求。

2　主钢筋安装时,杂散电流腐蚀防护措施应符合设计要求。

3　模板及支架工程质量验收应符合规范要求。

4　混凝土工程质量验收应符合规范要求。

5　后浇带混凝土应在两侧混凝土龄期达到42 d后浇筑,并应一次性浇筑完成。

6　施工缝、变形缝、后浇带的形式、位置、尺寸应符合设计要求及施工方案规定;施工缝分为水平施工缝和垂直施工缝,设置在受剪力较小的部位,以便于施工为原则。

4.3.7　防水施工应符合设计和规范要求。

1　地下工程所使用防水材料的品种、规格、性能等必须符合设计和规范要求;防水材料必须经具备相应资质的检测单位进行抽样检验,并出具产品性能检测报告。

2　防水混凝土结构的施工缝、变形缝、后浇带、穿墙管、埋设件等设置和构造必须符合设计要求。

3　铺贴防水卷材前,基面应干净、干燥,并应涂刷基层处理剂;当基面潮湿时,应涂刷湿固化型胶黏剂或潮湿界面隔离剂。

4　在转角处、变形缝、施工缝、穿墙管等部位应铺贴卷材加强层。

5　防水卷材的搭接宽度应符合规范要求。防水涂料应分层涂刷或喷涂,涂层应均匀。塑料防水板防水层的基面应平整,无尖锐突出物。

6　卷材防水层或涂料防水层完工并经验收合格后应及时做保护层。

4.3.8　盾构施工应符合设计和规范要求。

1　施工前,应对施工地段的工程地质、水文地质情况、地下障碍物、地下构筑物及地下管线等进行调查。盾构现场组装完成后应对各系统进行调试并验收。

2　盾尾密封刷进入洞门结构后,应进行洞门圈间隙的封堵和填充注浆。注浆完成后方可掘进。

3　掘进施工应控制排土量、盾构姿态和地层变形。掘进过程中应对已成环管片与地层的间隙充填注浆。

4　管片拼装时应停止掘进,并应保持盾构姿态稳定。管片连接螺栓紧固扭矩应符合设计要求。管片拼装完成,脱出盾尾后,应对管片螺栓及时复紧。管片不得有内外贯穿裂缝、宽度大于0.2 mm的裂缝及混凝土剥落现象。管片拼装过程中应对隧道轴线和高程进行控制,其允许偏差应符合规范要求。

5　盾构接收前,应对洞口段土体进行质量检查,合格后方可接收掘进。

6　当停止掘进时,应采取措施稳定开挖面。当在富水稳定岩层掘进时,应采取防止管片上浮、偏移或错台的措施。

7　同步注浆和即时注浆的注浆量充填系数应根据地层条件、施工状态和环境要求确定。

8　二次注浆的注浆量和注浆压力应根据环境条件和沉降监测结果等确定。

9 盾构掘进监测应有相应监测资质的机构承担,应对盾构管片的位置、应力、周边地表沉降、隧道周围土体的位移及空隙水压力等进行监测。

4.3.9 矿山法施工应符合设计和规范要求。

1 应对管棚、超前小导管和超前锚杆所用钢材的品种、级别、规格、数量、管棚内的注浆材料、注浆量、配合比及注浆压力进行验收。

2 注浆加固终凝后应进行注浆效果检查。

3 应对土方开挖断面轮廓线、中线、高程进行验收,隧道不应欠挖。

4 应核对边墙基础及隧底地层土质与设计文件符合情况,应无松散浮土。

5 应对隧底加固处理方法进行验收。

6 隧道贯通平面位置的允许偏差应为±30 mm,高程的允许偏差应为±20 mm。

7 钻爆开挖施工中,爆破孔的数量、位置、深度应符合爆破方案的规定。

8 钻爆开挖施工中隧道不应欠挖,当围岩完整、石质坚硬时,岩石突出部分侵入衬砌不应大于5 cm。仰拱以上1 m断面不应欠挖。

9 隧道开挖过程中,每一次开挖后应及时观察工作面,进行地质素描工作,工程地质及水文情况复杂的情况下,应采用超前炮孔和超前预报方法查明隧道洞身周围和前方的地质状况。

10 土方开挖断面尺寸应符合设计文件要求,并应采用人工或机械清除开挖面的松动岩块、浮渣及堆积物。

11 对基面有渗漏水的情况,应采用凿槽、埋管等方法进行导引,应无明流水。

12 锚杆应按设计文件要求打设,砂浆锚杆应设置垫板,垫板应与基面密贴。

13 当喷射混凝土完成后,应布设测点,进行监控量测工作。

14 喷射混凝土所用的细骨料,应按批进行检验,其颗粒级配、坚固性、氯离子含量指标应符合现行行业标准《普通混凝土用砂、石质量及检验方法标准》(JGJ 52)的规定,细度模数应大于 2.5,含水率应为 5%~7%。

15　喷射混凝土所用的粗骨料宜用卵石或碎石,粒径不应大于 15 mm 且不小于 5 mm,含泥量不应大于 1%。按批进行检验。

16　喷射混凝土中掺用外加剂进场时验收应符合下列规定:

(1)速凝剂应进行水泥相容性试验及水泥净浆凝结效果试验,初凝时间不应超过 5 min,终凝时间不应超过 10 min。

(2)当使用碱性速凝剂时,不应使用活性二氧化硅石料。

17　应对喷射混凝土拌合用水、配合比、强度进行验收。用于检查喷射混凝土强度的试件,可采用喷大板切割制取。

18　当设计文件要求为抗渗混凝土时,应留置抗渗压力试件。

19　锚杆钻孔数量应符合设计文件要求,孔位、孔深和孔径的允许偏差应符合下列规定:

(1)孔位允许偏差应为±150 mm。

(2)水泥砂浆锚杆孔深允许偏差应为±50 mm,楔缝式锚杆孔深允许偏差应为 0~+30 mm,胀壳式锚杆孔深允许偏差应为 0~+50 mm。

(3)水泥砂浆锚杆孔径应大于杆体直径 15 mm,楔缝式锚杆孔径应符合设计文件要求,胀壳式锚杆孔径应小于杆体直径 1~3 mm。

20　锚杆应进行抗拔试验,同一批试件抗拔力的平均值不应小于设计文件要求的锚固力,且同一批试件抗拔力最低值不应小于设计文件要求锚固力的 90%。

21　格栅钢架钢筋的弯制、末端的弯钩及型钢钢架的弯制应符合设计文件要求,焊缝应符合设计文件要求,不应有焊渣,钢筋应无锈蚀。

22　钢架安装的位置、接头连接、纵向拉杆应符合设计文件要求,钢架安装不应侵入二次衬砌断面,开挖面不应有虚渣和积水。

23　二次衬砌施工前应对初期支护及其净空测量验收,断面尺寸的允许偏差应为±5 mm。

24　支架应进行稳定性检算。

25　模板支立前应清理干净并涂刷隔离剂,铺设应牢固、平整,接缝严密、不漏浆。

26 当围岩变形收敛前施做的拱墙模板拆除时,封顶和封口混凝土的强度应达到设计文件要求的强度。当围岩变形收敛后施做的拱墙模板拆除时,封顶和封口混凝土的强度应达到设计文件规定要求的70%。

27 应对初支和二衬背后回填注浆浆液配合比进行验收。

28 背后注浆应密实。

4.4 垃圾填埋工程

4.4.1 垃圾填埋场站防渗材料类型、厚度、外观、铺设及焊接质量应符合设计和规范要求。

1 垃圾填埋场站防渗系统工程中使用的土工合成材料包括高密度聚乙烯(HDPE)膜、土工布、土工复合排水网等,防渗材料厚度、外观质量应符合设计和规范要求。

2 防渗材料的铺设应符合设计和规范要求。

3 HDPE膜焊接质量符合设计和规范要求:对热熔焊接的每条焊缝应进行气压检测,合格率应为100%;对挤压焊接的每条焊缝应进行真空检测,合格率应为100%。

4.4.2 垃圾填埋场站导气石笼位置、尺寸应符合设计和规范要求。

1 导气井宜在填埋库区底部主、次盲沟交汇点取点设置,并应以设置点为基准,沿次盲沟铺设方向,采用等边三角形、正六边形、正方形等形状布置。

2 石笼导气井直径不应小于600 mm,中心多孔管应采用高密度聚乙烯(HDPE)管材,公称外径不应小于110 mm,管材开孔率不宜小于2%。

4.4.3 垃圾填埋场站导排层厚度、导排渠位置、导排管规格符合设计和规范要求。

1 渗沥液导流层厚度不宜小于300 mm,规格符合设计和规范要求,导流层内应设置导排盲沟和渗沥液收集导排管网。

2 盲沟系统宜采用鱼刺状和网状布置形式,也可根据不同地形采用特殊布置形式(反锅底形等)。

3 盲沟内应设置高密度聚乙烯(HDPE)收集管,管径应根据所收集面积的渗沥液最大日流量、设计坡度等条件计算,HDPE收集干管公称外径不应小于315 mm,支管外径不应小于200 mm。

4 地下水收集导排系统宜按渗沥液收集导排系统进行设计,地下水收集管管径可根据地下水水量进行计算确定,干管外径不应小于250 mm,支管外径不宜小于200 mm。

4.5 污水处理工程

4.5.1 城镇污水处理工程所用主要原材料、半成品、构(配)件、设备等,进入施工现场时应进行进场验收。

4.5.2 地基与基础工程应符合设计和规范要求。

1 天然地基基底不得超挖,基底表面应平整。

2 城镇污水处理工程地基处理施工前,宜进行地基处理试验,并应根据试验结果及现场条件等调整、优化施工方案。

3 工程桩施工场地应平整、坚实、无障碍物。施工前,应根据设计要求和工程桩施工方式进行试桩,并应根据试桩结果及现场条件等调整、优化施工方案。

4 基坑边坡、支护与开挖施工应符合设计及施工方案的要求。

5 设备基础预留孔、预埋螺栓及预埋件施工前,应按图纸逐个核对数量、位置,不得遗漏。

6 基坑开挖过程中应对支护结构、周边环境进行观察和监测,应及时反馈数据并指导施工。

4.5.3 污水与污泥处理构筑物应符合设计和规范要求。

1 涉及设备安装的预留孔洞、地脚螺栓、预埋件及设备基础等应进行过程复核。

2 构筑物的施工应符合工艺设计、运行功能、设备安装的要求。

3 防水层、防腐层施工应在满水试验和气密性试验合格后、设备尚未安装前进行。

4 施工前应进行基层表面处理;基层表面应平顺整洁、无浮浆,预埋件应进行除锈、防锈处理;防水、防腐涂料应涂刷均匀。

5 构筑物结构与管道连接部位施工应符合规范要求。

6 池类构筑物施工完毕后、交付安装前,必须进行满水试验。承压构筑物满水试验合格后,尚应进行气密性试验。

4.5.4 工艺设备安装应符合设计和规范要求。

1 设备就位、垫铁、灌浆、附件安装、单机调试等应符合设备安装说明书的要求。

2 设备安装中采用的各种计量和检测器具、仪器、仪表和设备的精度等级,不应低于被检对象的精度等级。

3 设备安装精度应符合设计和规范要求。

4.5.5 电气及自动化仪表工程应符合设计和规范要求。

1 电气设备和装置施工应符合规范规定。

2 电气接地装置、防爆工程和防雷工程的施工应符合规范要求。

3 仪表工程的施工,应按设计施工图纸和仪表安装说明的要求进行,且应符合规范要求。

4.5.6 工艺管道安装应符合设计和规范要求。

1 工艺管道工程施工应与土建、设备等相关专业配合,并应在各构(建)筑物、支架、预埋件、预留孔、沟槽垫层及土建工程等质量检查验收合格后方可进行施工。

2 工艺管道施工次序应按先深后浅、先埋地后架空、先大后小、先无压后有压的原则进行。

3 阀门安装应符合规范要求。

4 工艺管道防腐和保温施工应符合规范要求。

5 工艺管道功能性试验应符合规范要求。

4.5.7 系统联动调试应符合设计和规范要求。

1 系统联动调试应具备下列条件:构筑物工程功能性试验应已完成;工艺设备应已完成单机调试,并应运转正常;电气、仪表设备应已完成单机调试,并应运转正常;供电系统应已调试完成,达到供电标准;自控系统应已调试完成,具备联动调试条件;工艺管线功能性试验应已完成。

2 系统调试应符合规范要求。

3 系统联动调试过程中应做好调试相关记录。

4.6 综合管廊工程

4.6.1 基坑开挖应符合设计和规范要求。

1 综合管廊基坑(槽)施工前,应根据围护结构的类型、工程水文地质条件、施工工艺和地面荷载等因素制定施工专项方案;土石方爆破等特殊施工必须按照国家有关部门规定,由专业单位进行施工。

2 基坑开挖前应确认支护结构、基坑土体加固、降水和基坑监测布置达到设计和施工要求,附近有重要保护设施的基坑,围护结构应通过降水试验检验符合闭水要求。

3 基坑开挖中应检查平面位置、水平标高、边坡坡率、压实度、排水系统、地下水控制系统、预留土墩、分层开挖厚度、支护结构的变形,并随时观测周围环境的变化。

4 基坑开挖后应进行地基验槽,验槽应在基坑或基槽开挖至设计标高后进行,留置保护土层时其厚度不应超过100 mm,槽底应为无扰动的原状土。

4.6.2 基坑回填应在综合管廊结构及防水工程验收合格后进行,同时应符合设计和规范要求。

1 基坑回填前,应确定回填土料含水量控制范围、铺土厚度、压实遍数等施工参数。

2 综合管廊两侧土方回填应对称、分层、均匀进行,管廊顶板1 000 mm范围内回填材料应采用人工夯实或轻型压实机具夯实,大型碾压机不得直接在管廊顶板上部施工。

3 综合管廊回填土压实度应符合设计要求,当设计无要求时,人行道、机动车道下压实度应≥95%,绿化带下压实度应≥90%。

4.6.3 现浇混凝土结构综合管廊施工应符合设计和规范要求。

1 综合管廊模板施工前,应根据结构形式、施工工艺、设备和材料供应条件进行模板及支架设计。模板及支架的强度、刚度及稳定性应满足受力要求。

2 混凝土浇筑应在模板和支架检验合格后进行。入模时应防止离析,连续浇筑时,每层浇筑高度应满足振捣密实的要求。预留孔、预埋管、预埋件及止水带等周边混凝土浇筑时,应辅以人工插捣方式。

3 管廊主体结构混凝土强度达到设计和规范要求后,方可拆除模板。

4.6.4 预制拼装结构综合管廊施工应符合设计和规范要求。

1 装配式综合管廊工程施工前,应编制专项方案。

2 构件运输或者吊装时,混凝土强度应符合设计要求,当设计无要求时,不应低于设计强度的75%。

3 预制构件安装前,应复验合格,当构件上有裂缝且宽度超过0.2 mm时,应进行鉴定。

4 预制构件采用螺栓连接时,螺栓的材质、规格、拧紧力矩应符合设计和规范要求。

4.6.5 施工缝的留设与处理应符合设计和规范要求。

1 墙体水平施工缝应留在与底板上表面的距离不小于300 mm处。拱、板与墙结合的水平施工缝,宜留在拱、板与墙交接处以下150~300 mm处;垂直施工缝应避开地下水和裂隙水较多的地段,并宜与变形缝相结合。

2 混凝土底板和顶板应连续浇筑,原则上不得留置施工缝,当设计有变形缝时,应按变形缝分仓浇筑。

3 后浇带混凝土应一次浇筑成型,不应留设施工缝。

4.6.6 综合管廊迎水面主体结构应采用防水混凝土,并应根据防水等级的要求采取其他防水措施。

4.6.7 变形缝、施工缝、后浇带及预埋件防水应符合设计和规范要求。

1 变形缝用止水带、填缝材料和密封材料必须符合设计要求,中埋式止水带埋设位置应准确,其中间空心圆环与变形缝的中心线应重合。

2 后浇带两侧混凝土竖向断面可采用平直或阶梯等形式,防水构造形式宜按相应规范选用。

3　预埋件端部或预留孔、槽底部的混凝土厚度不得小于 250 mm;当混凝土厚度小于 250 mm 时,应局部加厚或采取其他措施。

4.6.8　管廊附属工程施工应符合设计及规范要求。

1　综合管廊预埋过路排管的管口应无毛刺和尖锐棱角,排管弯制后不应有裂缝和显著的凹瘪现象,弯扁程度不宜大于排管外径的 10%。

2　电缆排管连接时,金属电缆排管不得直接对焊,应采用套管焊接的方式。连接时管口应对准,连接应牢固,密封应良好,套接的短套管或带螺纹的管接头长度不应小于排管外径的 2.2 倍;硬质塑料管在套接或插接时,插入深度宜为排管内径的 1.1 倍~1.8 倍。插接面上应涂胶合剂粘牢密封。水泥管宜采用管箍或套接方式连接,管孔应对准,接缝应严密,管箍应设置防水密封。

3　支架及桥架宜优先选用耐腐蚀的复合材料。

4.6.9　纳入综合管廊的管线施工应符合设计及规范要求,同时满足下列规定:

1　给水、再生水管道可选用钢管、球墨铸铁管、塑料管等。接口宜采用刚性连接,钢管可采用沟槽式连接。

2　雨水、污水管道可选用钢管、球墨铸铁管、塑料管等,压力管道宜采用刚性连接,钢管可采用沟槽式连接;系统应严格密闭,管道应进行功能性试验。

3　电力电缆应采用阻燃电缆或不燃电缆。

4　天然气管道应采用无缝钢管;天然气调压装置不应设置在综合管廊内。

4.7　给排水工程

4.7.1　工程所用的管材、管道附件、构(配)件和主要原材料等产品进入施工现场时必须进行进场验收并妥善保管。进场验收时应检查每批产品的订购合同、质量合格证书、性能检验报告、使用说明书、进口产品的商检报告及证件等,并按规范要求进行复验,验收合格后方可使用。

4.7.2　沟槽开挖应符合设计和规范要求。

1　基坑开挖深度超过 3 m 或未超过 3 m 但地质条件和周边环境复杂的需编制专项施工方案。基坑开挖深度超过 5 m 或未超过 5 m 但地质条件、周边环境和地下管线复杂或影响毗邻建筑(构筑)物安全的,应组织专家进行论证。

2　沟槽的开挖断面应符合施工组织设计(方案)的要求。槽底原状地基土不得扰动,机械开挖时槽底预留 200~300 mm 土层由人工开挖至设计高程,整平。

3　沟槽临时堆土距沟槽边缘不小于 0.8 m,且高度不应超过 1.5 m。沟槽边堆置土方不得超过设计堆置高度。

4.7.3　沟槽支护结构强度、刚度、稳定性应符合设计和规范要求。

1　采用撑板支撑时,应经计算确定撑板构件的规格尺寸,且支撑构件的规格,支撑的横梁、纵梁和支撑间距布置等均应符合规范要求。

2　在软土或其他不稳定土层中采用横排撑板支撑时,开始支撑的沟槽开挖深度不得超过 1.0 m;开挖与支撑交替进行,每次交替深度宜为 0.4~0.8 m。

3　采用钢板桩支撑时,应通过计算确定构件规格尺寸、钢板桩的入土深度和横撑的位置与断面,采用型钢作横梁时,横梁与钢板桩之间的缝应采用木板垫实,横梁、横撑与钢板桩连接牢固。

4　沟槽支撑的安装和拆除应符合设计和规范要求。

4.7.4　沟槽地基处理应符合设计和规范要求。

1　槽底不得受水浸泡或扰动。槽底局部扰动或受水浸泡时,宜采用天然级配砂砾石或石灰土回填;槽底扰动土层为湿陷性黄土时,应按设计要求进行地基处理。

2　槽底局部超挖或发生扰动时,处理应符合下列规定:超挖深度不超过 150 mm 时,可用挖槽原土回填夯实,其压实度不应低于原地基土的密实度;槽底地基土壤含水量较大,不适于压实时,应采取换填等有效措施。

4.7.5　沟槽回填压实应逐层分级进行,同时符合下列规定。

1 回填材料应符合设计要求,沟槽回填从管底基础部位开始到管顶以上500 mm范围内,土中不得含有机物、冻土及尺寸大于50 mm的砖、石等硬物。

2 沟槽回填从管底基础部位开始到管顶以上500 mm范围内,必须采用人工夯实或轻型压实机具,管道两侧压实面的高差不应超过300 mm。

3 柔性管道管基有效支撑角范围内采用中粗砂填充密实,与管壁紧密接触,不得用土或其他材料填充。

4 刚性管道和柔性管道沟槽回填的压实作业应满足设计和规范要求。

4.7.6 管道基础施工应符合设计和规范要求。

1 管道基础采用原状地基时,其承载力应符合设计要求,地基不得受扰动,检查地基处理强度或承载力检验报告、复合地基承载力检验报告。

2 砂及砂石基础的地基承载力应符合设计或规范要求,检查砂石材料质量保证资料、压实度试验报告。

3 柔性管道砂石基础结构设计无要求时,宜铺设厚度不小于100 mm的中、粗砂垫层。

4 混凝土管座与平基分层浇筑时,应先将平基凿毛冲洗干净,并将平基与管体相接触的腋角部位用同强度等级的水泥砂浆填满、捣实,再浇筑混凝土,使管体与管座混凝土结合严密。

5 管座与平基采用垫块法一次浇筑时,应先从一侧灌注混凝土,对侧的混凝土高过管底,并与灌注侧混凝土高度相同时,两侧再同时浇筑,保持两侧混凝土高度一致。

4.7.7 管道安装施工应符合设计和规范要求。

1 钢筋混凝土管及预(自)应力混凝土管,管节安装前应进行外观检查,如发现裂缝、保护层脱落、空鼓、接口掉角等缺陷,应修补并经鉴定合格后方可使用。

2 柔性接口的钢筋混凝土管、预(自)应力混凝土管安装前,承口内工作面、插口外工作面应清洗干净;套在插口上的橡胶圈应平直、无扭曲,正确就位;橡胶圈表面和承口工作面应涂刷无腐蚀性的润滑剂,安装后放松外力,管节回弹不得大于 10 mm,且橡胶圈应在承、插口工作面上。

3　刚性接口的钢筋混凝土管道,钢丝网水泥砂浆抹带应选用粒径为 0.5~1.5 mm,含泥量不得大于 3%的洁净砂,应使用网格 10 mm×10 mm、丝径为 20 号的钢丝网。

4　刚性接口的钢筋混凝土管道抹带前应将管口的外壁凿毛、洗净;钢丝网端头应在浇筑混凝土管座时插入混凝土内,在混凝土初凝前,分层抹压钢丝网水泥砂浆抹带;抹带完成后应立即用吸水性强的材料覆盖,3~4 h 后洒水养护。

4.7.8　建材管道连接应符合下列规定。

1　管道连接所用的钢制套筒、法兰、卡箍、螺栓等金属制品应根据现场土质并参照有关标准采取防腐措施。

2　丝扣连接时,钢管节切口断面应平整,偏差不得超过 1 扣,丝扣应光洁,不得有毛刺或乱扣、缺扣,缺扣总长不得超过丝扣全长的 10%,接口紧固后宜露出 2~3 扣螺纹。

3　法兰连接时,法兰应与管道保持同心,两法兰间应平行;螺栓应使用相同规格,且安装方向一致;螺栓应对称紧固,紧固好的螺栓应露出螺帽之外,与法兰接口两侧相邻的第一个至第二个刚性接口或焊接接口,待法兰螺栓紧固后方可施工。

4　承插式柔性接口连接宜在当日温度较高时进行,插口端不宜插到承口底部,应留出不小于 10 mm 的伸缩空隙。

5　电熔、热熔连接时电热设备的温度控制、时间控制,挤出焊接时对焊接设备的操作,必须严格按接头的技术指标和设备的操作程序进行。

4.7.9　冬期施工不得使用冻硬的橡胶圈。

4.7.10　雨期施工应采取以下措施:

1　合理缩短开槽长度,及时砌筑检查井,暂时中断安装的管道,以及与河道相连通的管口应临时封堵。

2　已安装的管道验收后应及时回填。

3　制定槽边雨水径流疏导、槽内排水及防止漂管事故的应急措施。

4　刚性接口作业宜避开雨天。

4.7.11　工作井施工应符合设计和规范要求。

1　工作井施工应编制专项施工方案，确定支护形式；土方开挖过程中，应遵循"开槽支撑、先撑后挖、分层开挖、严禁超挖"的原则；井底应保持稳定和干燥，并应及时封底；井底封底前，应设置集水坑，坑上应设有盖，封闭集水坑时应进行抗浮验算；地面井口周围设置安全护栏、防汛墙和防雨措施；井内应设置便于上下的安全通道。

2　顶管的顶进工作井后背墙结构强度与刚度必须满足顶管最大允许顶力和设计要求；后背墙平面与掘进轴线应保持垂直，表面应坚实平整；施工前必须对后背土体进行考虑顶力作用效益时的允许抗力验算，验算未通过时应对后背土体加固，以满足施工安全、周围环境保护的要求。

4.7.12　顶管顶进施工应符合设计和规范要求。

1　顶管顶进施工应根据工程具体情况进行。一次顶进距离大于100 m 时，采用中继间技术；在砂砾层或卵石层顶管时，应采取管节外表面熔蜡措施、触变泥浆技术等减少顶进阻力和稳定周围土体；长距离顶管应采用激光定向等测量控制技术。

2　开始顶进前应按有关规范要求做好检查工作，确认条件具备后方可开始顶进。

3　顶管进、出工作井时应根据工程地质和水文地质条件、埋设深度、周围环境和顶进方法，选择技术经济合理的措施，同时符合有关规范要求。

4　顶进作业应根据土质条件、周围环境控制要求、顶进方法、各项顶进参数和监控数据、顶管机工作性能等，确定顶进、开挖、出土的作业顺序和调整顶进参数；掘进过程中应严格测量监控，实施信息化施工，确保开挖掘进工作面的土体稳定和土（泥水）压力平衡，并控制顶进速度、挖土量和出土量，减少土体扰动和地层变形；管道顶进过程中，应遵循"勤测量、勤纠偏、微纠偏"的原则，控制顶管机前进方向和姿态，并应根据测量结果分析偏差产生的原因和发展趋势,确定纠偏措施;开始顶进阶段应严格控制顶进的速度和方向;进入接收工作井前应提前进行顶管机位置和姿态测量,并根据进口位置提前进行调整。

5 顶进施工测量前、顶进施工中应按有关规范要求及时对测量控制基准点进行复核。

6 顶进施工中对管道水平轴线和高程、顶管机姿态等进行测量,发生偏差时应及时纠正。

7 顶管过程中应按有关要求随时掌握顶进方向和趋势,在顶进过程中及时纠偏,采用小角度纠偏方式。纠偏时开挖面土体应保持稳定,采用挖土纠偏方式,超挖量应符合地层变形控制和施工设计要求。

4.7.13 箱涵施工应符合设计和规范要求。

1 模板施工前,应根据结构形式、施工工艺、设备和材料供应等条件进行模板及其支架设计。模板及其支架的强度、刚度及稳定性必须满足受力要求;混凝土模板的安装和拆除应按相关规范规定进行。

2 变形缝止水带下部及腋角下部的混凝土作业,应确保混凝土密实,且止水带不发生位移。

3 对于混凝土底板和顶板,应连续浇筑,且不得留置施工缝;设计有变形缝时,应按变形缝分仓浇筑。

4 混凝土强度达到设计强度的85%时,方可拆除支架;达到设计强度100%后方可进行涵顶回填土,设计有具体要求的应遵从其规定。应均匀回填、分层压实,其回填材料和压实度符合设计及规范要求。

4.7.14 井室施工应符合设计和规范要求。

1 预制装配式结构的井室采用水泥砂浆接缝时,企口坐浆与竖缝灌浆应饱满,装配后的接缝砂浆硬化期间应加强养护,并不得受外力碰撞或震动;设有橡胶密封圈时,胶圈应安装稳固,止水严密可靠。现浇钢筋混凝土井室浇筑应振捣密实,无漏振、走模、漏浆等现象,浇筑时应同时安装踏步。

2 井室施工达到设计高程后,应及时浇筑或安装井圈,井圈应以水泥砂浆坐浆并安放平稳。

4.7.15 雨水口井框、井箅应完整无损,安装平稳、牢固,位于道路下的雨水口、支管、连管应根据设计和规范要求浇筑混凝土基础。

4.7.16　管道功能性试验应按规范要求进行。

1　给水管道必须水压试验合格，并网运行前进行冲洗与消毒，经检验水质达到标准后，方可允许并网通水、投入运行。

2　污水、雨污水合流管道及湿陷土、膨胀土、流砂地区的雨水管道，必须经严密性试验合格后方可投入运行。

3　压力管道应按相应规范进行水压试验，试验分为预实验和主试验阶段；试验合格的判定依据分为允许压力降值和允许渗水量值，按设计要求确定；设计无要求时，应根据实际情况，选用其中一项值或同时采用两项值作为试验合格的最终判定依据。

4　无压管道应按相应规范进行管道的严密性试验，严密性试验分为闭水试验和闭气试验，按设计要求确定；设计无要求时，应根据实际情况选择闭水试验或闭气试验进行管道功能性试验。

4.7.17　给排水构筑物施工应符合设计和规范要求。

1　工程所用主要原材料、半成品、构(配)件、设备等产品，进入施工现场时必须进行进场验收。进场验收时应检查每批产品的订购合同、质量合格证书、性能检验报告、使用说明书、进口产品的商检报告及证件等，并按规范要求进行复验，验收合格后方可使用。混凝土、砂浆、防水涂料等现场配制的材料应经检测合格后使用。另外，接触饮用水的产品必须符合有关卫生要求。

2　给排水构筑物施工时，应按“先地下后地上、先深后浅”的顺序施工，并应防止各构筑物交叉施工相互干扰。

3　设备安装前应对有关的设备基础、预埋件、预留孔的位置、高程、尺寸等进行复核。

4　围堰、围护结构应经验收合格后方可进行基坑开挖。施工中应对支护结构、周围环境进行观察和监测。基坑开挖至设计高程后应由建设单位会同设计、勘察、施工、监理等单位共同验收。

5　取水与排放构筑物的施工应符合规范要求。

6　水处理构筑物施工应满足其相应的工艺设计、运行功能、设备安装的要求。水处理构筑物的防水、防腐、保温层应按设计要求进行施工,施工前应进行基层表面处理。

7　调蓄构筑物工程应符合设计和规范要求。

8　水处理构筑物施工完毕后必须进行满水试验。消化池满水试验合格后,还应进行气密性试验。施工完毕的贮水调蓄构筑物必须进行满水试验。

4.7.18　给排水构筑物应按规定进行水池满水试验,并形成试验记录。

1　水池满水试验前应按设计和规范相关要求做好准备工作。

2　池内注水应分3次进行,每次注水为设计水深的1/3,对大、中型池体,可先注水至池壁底部施工缝以上,检查底板抗渗质量,无明显渗漏时,再继续注水至第一次注水深度;注水时水位上升速度不宜超过2 m/d,相邻两次注水的间隔时间不应小于24 h;每次注水应读24 h的水位下降值,计算渗水量,在注水过程中和注水以后,应对池体做外观和沉降量检测,发现渗水量或沉降量过大时,应停止注水,待做出妥善处理后方可继续进行。

3　满水试验合格时,水池渗水量按池壁(不含内隔墙)和池底的浸湿面积计算,钢筋混凝土结构水池渗水量不得超过2 L/(m^2·d),砌体结构水池渗水量不得超过3 L/(m^2·d)。

4.8　园林绿化工程

4.8.1　栽植土、地形应符合设计和规范要求。

1　应将现场内的渣土、工程废料、宿根性杂草、树根及有害污染物清除干净。

2　栽植基础严禁使用含有害成分的土壤,除有设施空间绿化等特殊隔离地带外,绿化栽植土壤有效土层下不得有不透水层。

3　栽植土应符合规范要求。

4　地形造型应自然顺畅。

4.8.2　植物材料应符合设计和规范要求。

1　植物材料种类、品种名称及规格应符合设计和规范要求。

2　严禁使用带有严重病虫害的植物材料,非检疫对象的病虫害危害程度或危害痕迹不得超过树体的 5%～10%。自外省市及国外引进的植物材料应有植物检疫证。

4.8.3　栽植穴、槽应符合设计和规范要求。

1　栽植穴、槽定点放线应符合设计要求，位置应准确，标记明显。

2　栽植穴、槽应垂直下挖，上口下底应相等。

4.8.4　苗木修剪应符合设计和规范要求。

1　苗木栽植前的修剪应根据各地自然条件，以疏枝为主，适度轻剪，保持树体地上、地下部位生长平衡。

2　苗木修剪整形应符合设计要求，应保持原树形。

3　苗木应无损伤断枝、枯枝、严重病虫枝等。

4　落叶树木的枝条应从基部剪除，不留木橛，剪口平滑，不得劈裂。

4.8.5　树木栽植、施肥应符合设计和规范要求。

1　根据植物生长情况应及时追肥、施肥。

2　透水、排水、透气、渗管等施工做法应符合设计和规范要求。

3　带土球树木栽植前应去除土球不易降解的包装物。

4　树木栽植应保持直立，不得倾斜。行道树或行列栽植的树木应在一条线上，相邻植株规格应合理搭配。

5　绿篱及色块栽植时，株行距、苗木高度、冠幅大小应均匀搭配，树形丰满的一面应向外。

6　树木栽植后应及时绑扎、支撑、浇透水。栽植树木回填的栽植土应分层踏实。

4.8.6　树木支撑应符合设计和规范要求。

1　应根据立地条件和树木规格进行三角支撑、四柱支撑、联排支撑及软牵拉。

2　支撑物、牵拉物与地面连接点的连接应牢固。

3　连接树木的支撑点应在树木主干上，其连接处应衬软垫，并绑缚牢固。

4.8.7　园林附属工程应符合设计和规范要求。

1　地面工程各结构层纵横向坡度、厚度、标高和平整度应符合设计要求;面层与基层的结合(黏结)必须牢固,不得空鼓、松动,面层不得积水。园路的弧度应顺畅自然。

2　假山叠石选用的石材应质地一致,色泽相近,纹理统一。石料应坚实耐压,无裂缝、损伤、剥落现象;峰石应形态完美。假山叠石的基础工程及主体构造应符合设计和安全规定,假山结构和主峰稳定性应符合抗风、抗震强度要求。

3　水景水池应按设计要求预埋各种预埋件,穿过池壁和池底的管道应采取防渗漏措施,池体施工完成后,应进行灌水试验。

4　座椅(凳)、果皮箱应安装牢固,无松动;标牌支柱安装应直立,不倾斜;支柱表面应整洁,无毛刺;标牌与支柱连接、支柱与基础连接应牢固,无松动。金属部分及其连接件应做防锈处理。

5　护栏高度、形式、图案、色彩应符合设计要求。

6　管网应在安装完成试压合格并进行冲洗后,方可安装喷头,喷头规格和射程应符合设计要求,洒水均匀。

第 5 章　安全生产现场控制

5.1　基坑工程

5.1.1　基坑支护及开挖应符合规范、设计及专项施工方案的要求。

1　基坑支护应满足保证基坑周边建(构)筑物、地下管线、道路的安全和正常使用,保证主体地下结构的施工空间的功能要求。

2　深基坑应进行支护设计,遵循“先撑后挖、分层开挖”的原则,土方分层开挖与基坑支护施工相协调。

3　采用锚杆或支撑的支护结构,在未达到设计规定的拆除条件时,严禁拆除锚杆或支撑。

4　当支护结构构件强度达到开挖阶段的设计强度时,方可下挖基坑;对采用预应力锚杆的支护结构,应在锚杆施加预加力后,方可下挖基坑;对土钉墙,应在土钉、喷射混凝土面层的养护时间大于 2 d 后,方可下挖基坑。

5　应按支护结构设计规定的施工顺序和开挖深度分层开挖;开挖时,挖土机械不得碰撞或损害锚杆、腰梁、土钉墙面、内支撑及其连接件等构件,不得损害已施工的基础桩;当基坑采用降水时,应在降水后开挖地下水位以下的土方。

6　当开挖揭露的实际土层性状或地下水情况与设计依据的勘察资料明显不符,或出现异常现象、不明物体时,应停止开挖,在采取相应处理措施后方可继续开挖。

5.1.2　基坑施工时主要影响区范围内的建(构)筑物和地下管线保护措施应符合规范及专项施工方案的要求。

1　基坑支护设计应根据支护结构类型和地下水控制方法,按规范要求选择基坑监测项目,并应根据支护结构的具体形式、基坑周边环境的重要性及地质条件的复杂性确定监测点部位及数量。

2　安全等级为一级、二级的支护结构,在基坑开挖过程与支护结构使用期内,必须进行支护结构的水平位移监测和基坑开挖影响范围内建(构)筑物、地面的沉降监测。

3　可通过采用设置隔离桩、加固既有建筑地基基础、反压与配合降水纠偏等技术措施,控制邻近建(构)筑物不产生过大的不均匀沉降。

5.1.3　基坑周围地面排水措施应符合规范及专项施工方案的要求。

地下水和地表水控制应根据设计文件、基坑开挖场地工程地质、水文地质条件及基坑周边环境条件编制施工组织设计或施工方案。

5.1.4　基坑地下水控制措施应符合规范及专项施工方案的要求。

1　地下水控制应根据工程地质和水文地质条件、基坑周边环境要求及支护结构形式选用截水、降水、集水明排方法或其组合。

2　当降水会对基坑周边建(构)筑物、地下管线、道路等造成危害或对环境造成长期不利影响时,应采用截水方法控制地下水。采用悬挂式帷幕时,应同时采用坑内降水,并宜根据水文地质条件结合坑外回灌措施。

3　地下水控制设计应符合现行标准中对基坑周边建(构)筑物、地下管线、道路等沉降控制值的要求。

4　当坑底以下有水头高于坑底的承压水时,各类支护结构均应按规范要求进行承压水作用下的坑底突涌稳定性验算。当不满足突涌稳定性要求时,应对该承压水含水层采取截水、减压措施。

5.1.5　基坑周边荷载应符合规范及专项施工方案的要求。

1　基坑周边施工材料、设施或车辆荷载严禁超过设计要求的地面荷载限值。

2　在基坑(槽)、管沟等周边堆土的堆载限值和堆载范围应符合基坑围护设计要求,严禁在基坑(槽)、管沟、地铁及建构(筑)物周边影响范围内堆土。

3　对于临时性堆土,应视挖方边坡处的土质情况、边坡坡率和高度,检查堆放的安全距离,确保边坡稳定。

4　基坑周边1.5 m范围内不宜堆载,3 m以内限制堆载,坑边严禁重型车辆通行。当支护设计中已计入堆载和车辆运行的,基坑使用中也应严禁超载。

5.1.6　基坑监测项目、监测方法、测点布置、监测频率、监测报警及日常检查应符合规范、设计及专项施工方案的要求。

1　下列基坑应实施基坑工程监测:

(1)基坑设计安全等级为一、二级的基坑。

(2)开挖深度大于或等于5 m的下列基坑:土质基坑;极软岩基坑、破碎的软岩基坑、极破碎的岩体基坑;上部为土体,下部为极软岩、破碎的软岩、极破碎的岩体构成的土岩组合基坑。

(3)开挖深度小于5 m但现场地质情况和周围环境较复杂的基坑。

2　基坑工程施工前,应由建设方委托具备相应能力的第三方对基坑工程实施现场监测。监测单位应编制监测方案,监测方案应经建设单位、设计单位等认可,必要时还应与基坑周边环境涉及的有关管理单位协商一致后方可实施。

3　现场监测的对象宜包括:支护结构;基坑及周围岩土体;地下水;周边环境中的被保护对象,包括周边建筑、管线、轨道交通、铁路及重要的道路等;其他应监测的对象。

4　监测项目应与基坑工程设计、施工方案相匹配;应针对监测对象的关键部位进行重点观测;各监测项目的选择应有利于形成互为补充、验证的监测体系。

5　基坑工程现场监测应采用仪器监测与现场巡视检查相结合的方法。监测方法的选择应根据监测对象的监控要求、现场条件、当地经验和方法适用性等因素综合确定,监测方法应合理易行。仪器监测可采用现场人工监测或自动化实时监测。

6　监测点的布置应能反映监测对象的实际状态及其变化趋势,监测点应布置在监测对象受力及变形关键点和特征点上,并应满足对监测对象的监控要求。

7　监测频率的确定应能满足系统反映监测对象所测项目的重要

变化过程而又不遗漏其变化时刻的要求。

8　预测预警值应满足基坑支护结构、周边环境的变形和安全控制要求。监测预警值应由基坑工程设计单位确定。变形监测预警值应包括监测项目的累计变化预警值和变化速率预警值。

9　当出现下列情况之一时,必须立即进行危险报警,并应通知有关各方对基坑支护结构和周边环境保护对象采取应急措施:

(1)基坑支护结构的位移值突然明显增大或基坑出现流砂、管涌、隆起、陷落等。

(2)基坑支护结构的支撑或锚杆体系出现过大变形、压屈、断裂、松弛或拔出的迹象。

(3)基坑周边建筑的结构部分出现危害结构的变形裂缝。

(4)基坑周边地面出现较严重的突发裂缝或地下空洞、地面下陷。

(5)基坑周边管线变形突然明显增长或出现裂缝、泄漏等。

(6)冻土基坑经受冻融循环时,基坑周边土体温度显著上升,发生明显的冻融变形。

(7)出现基坑工程设计方提出的其他危险报警情况,或根据当地工程经验判断,出现其他必须进行危险报警的情况。

10　监测工作应贯穿于基坑工程和地下工程施工的全过程。监测工作应从基坑工程施工前开始,直至地下工程完成。对有特殊要求的基坑周边环境的监测,应根据需要延续至变形趋于稳定后结束。

5.1.7　基坑内作业人员上下专用梯道应符合规范及专项施工方案的要求。

基坑内应设置作业人员上下坡道或爬梯,数量不应少于 2 个。梯道应设扶手栏杆,梯道的宽度不应小于 1 m。梯道的搭设应符合相关安全规范要求。

5.1.8　基坑坡顶地面无明显裂缝,基坑周边建筑物无明显变形。

1　基坑施工过程中,基坑坡顶地面应无明显裂缝,基坑周边建筑物应无明显变形,沉降、变形数据应在允许范围内。

2　当基坑周边地面产生裂缝时,应采取灌浆措施封闭裂缝。对于膨胀土基坑工程,应分析其裂缝产生的原因,及时反馈设计单位处理。

5.2 模板支撑体系

5.2.1　应按规定对搭设模板支撑体系的材料、构配件进行现场检验，扣件抽样复试。

1　对搭设模板支撑体系的材料、构配件应按规范要求进行现场检验。

2　扣件进入施工现场前应检查产品合格证，并应进行抽样复试，技术性能应符合规范要求。扣件在使用前应逐个挑选，有裂缝、变形、螺栓出现滑丝的严禁使用。

5.2.2　模板支撑体系的搭设和使用应符合规范及专项施工方案要求。

1　模板安装应按设计与施工说明书顺序拼装。木杆、钢管、门架等支架立柱不得混用。

2　竖向模板和支架立柱支承部分安装在基土上时，应加设垫板，垫板应有足够强度和支承面积，且应中心承载。基土应坚实，并应有排水措施。对湿陷性黄土应有防水措施；对特别重要的结构工程可采用混凝土、打桩等措施，以防止支架柱下沉。对冻胀性土应有防冻融措施。

3　现浇多层或高层房屋和构筑物，安装上层模板及其支架应符合下列规定：

(1)下层楼板应具有承受上层施工荷载的承载能力，否则应加设支撑支架。

(2)上层支架立柱应对准下层支架立柱，并应在立柱底铺设垫板。

(3)当采用悬臂吊模板、桁架支模方法时，其支撑结构的承载能力和刚度必须符合设计构造要求。

4　支撑梁、板的支架立柱构造与安装应符合下列规定：

(1)梁和板的立柱，其纵横向间距应相等或成倍数。

(2)钢管立柱底部应设垫木和底座，顶部应设可调支托，U形支托与楞梁两侧间如有间隙，必须楔紧，其螺杆伸出钢管顶部不得大于200 mm，螺杆外径与立柱钢管内径的间隙不得大于3 mm，安装时应保证上下同心。

(3)在立柱底距地面200 mm高处,沿纵横水平方向应按纵下横上的程序设扫地杆,如遇盘扣式或轮扣式立杆,其扫地杆离地高度不应超过400 mm;可调支托底部的立柱顶端应沿纵横向设置一道水平拉杆;扫地杆与顶部水平拉杆之间的间距,在满足模板设计所确定的水平拉杆步距要求条件下,进行平均分配确定步距后,在每一步距处纵横向应各设一道水平拉杆;当层高在8~20 m时,在最顶两步距水平拉杆中间应加设一道水平拉杆;当层高大于20 m时,在最顶两步距水平拉杆中间应分别增加一道水平拉杆;所有水平拉杆的端部均应与四周建筑物顶紧顶牢;无处可顶时,应在水平拉杆端部和中部沿竖向设置连续式剪刀撑。

(4)钢管扫地杆、水平拉杆应采用对接,剪刀撑应采用搭接,搭接长度不得小于500 mm,并应采用2个旋转扣件分别在离杆端不小于100 mm处进行固定。

5.2.3 混凝土浇筑时,必须按照专项施工方案规定的顺序进行,并指定专人对模板支撑体系进行监测。

1 混凝土应布料均衡。应对模板及支架进行观察和维护,如发生异常情况应及时进行处理。

2 混凝土浇筑和振捣应采取防止模板、钢筋、钢构、预埋件及其定位件移位的措施。浇筑过程中须设专人分别对模板和预埋件及钢筋、预应力筋等进行看护,当模板、预埋件、钢筋位移超过允许偏差时应及时纠正。

5.2.4 模板支撑体系的拆除应符合规范及专项施工方案要求。

1 模板的拆除措施应经技术主管部门或负责人批准,拆除模板的时间可按规范要求执行。冬期施工的拆模,应符合专门规定。

2 当混凝土未达到规定强度或已达到设计规定强度,需提前拆模或承受部分超设计荷载时,必须经过计算和技术主管确认其强度能足够承受此荷载后,方可拆除。

3 拆模的顺序和方法应按模板的设计规定进行。当设计无规定时,可采取"先支的后拆、后支的先拆,先拆非承重模板、后拆承重模板”的措施，并应从上而下进行拆除。拆下的模板不得抛扔，应按指定地点堆放。

4　在提前拆除互相搭连并涉及其他后拆模板的支撑时，应补设临时支撑。拆模时，应逐块拆卸，不得成片撬落或拉倒。

5　拆模如遇中途停歇，应将已拆松动、悬空、浮吊的模板或支架临时支撑牢固或相互连接稳固。对活动部件必须一次拆除。

5.2.5　已拆除模板的结构，应在混凝土强度达到设计强度值后方可承受全部设计荷载。若在未达到设计强度以前需在结构上加置施工荷载，应另行核算，强度不足时，应加设临时支撑。

5.2.6　遇6级或6级以上大风时，应暂停室外的高处作业。雨、雪、霜后应先清扫施工现场，方可进行工作。

5.2.7　拆除有洞口模板时，应采取防止操作人员坠落的措施。洞口模板拆除后，应按现行行业标准有关规定及时进行防护。

5.3　起重机械

5.3.1　一般规定

1　起重机械的备案、租赁应符合要求：

(1)出租单位在建筑起重机械首次出租前，自购建筑起重机械的使用单位在建筑起重机械首次安装前，应当持建筑起重机械特种设备制造许可证、产品合格证到本单位工商注册所在地县级以上地方人民政府建设主管部门办理备案。

(2)出租单位应当在签订的建筑起重机械租赁合同中，明确租赁双方的安全责任，并出具建筑起重机械特种设备制造许可证、产品合格证、备案证明和自检合格证明，提交安装使用说明书。

2　起重机械安装、拆卸应符合要求：

(1)从事建筑起重机械安装、拆卸活动的单位(以下简称安装单位)应当依法取得建设主管部门颁发的相应资质和建筑施工企业安全生产许可证，并在其资质许可范围内承揽建筑起重机械安装、拆卸工程。

(2)起重机械安装、拆卸前,应编制专项施工方案,指导作业人员实施安装、拆卸作业;专项施工方案应根据起重设备的使用说明书和作业场地的实际情况编制,并应符合规范要求。专项施工方案应由本单位技术、安全、设备等部门审核、技术负责人审批后,经监理单位批准后实施。

(3)安装单位应当按照建筑起重机械安装、拆卸工程专项施工方案及安全操作规程组织安装、拆卸作业。安装单位专业技术人员、专职安全生产管理人员应当进行现场监督,技术负责人应当定期巡查。

(4)起重机械安装、拆卸作业应配备下列人员:持有安全生产考核合格证书的项目负责人和安全负责人、机械管理人员;具有建筑施工特种作业操作资格证书的建筑起重机械安装拆卸工、起重司机、起重信号工、司索工等特种作业操作人员。

3 起重机械验收应符合要求:

(1)建筑起重机械安装完毕后,安装单位应当按照规范及安装使用说明书的有关要求对建筑起重机械进行自检、调试和试运转。自检合格的,应当出具自检合格证明,并向使用单位提供安全使用说明。

(2)建筑起重机械安装完毕后,使用单位应当组织出租、安装、监理等有关单位进行验收,或者委托具有相应资质的检验检测机构进行验收;建筑起重机械经验收合格后方可投入使用,未经验收或者验收不合格的不得使用。实行施工总承包的,由施工总承包单位组织验收。建筑起重机械在验收前应当经有相应资质的检验检测机构监督检验合格。

4 应按规定办理使用登记。

使用单位应当自建筑起重机械安装验收合格之日起30日内,将建筑起重机械安装验收资料、建筑起重机械安全管理制度、特种作业人员名单等报送工程所在地县级以上地方人民政府建设主管部门,办理建筑起重机械使用登记。登记标志置于或者附着于该设备的显著位置。

5 起重机械的基础、附着应符合使用说明书及专项施工方案要求:

(1)起重机械的基础应按规范和使用说明书所规定的要求进行设

计和施工；施工单位应根据地质勘察报告确认施工现场的地基承载能力。

(2)起重机械的基础及其地基承载力应符合使用说明书和设计图纸的要求；安装前应对基础进行验收，合格后方可安装。基础周围应有排水设施。

(3)当起重机械作附着使用时，附着装置的设置和自由端高度等应符合使用说明书的规定；当附着水平距离、附着间距等不满足使用说明书要求时，应进行设计计算、绘制制作图和编写相关说明。

(4)附着装置的构件和预埋件应由原制造厂家或由具有相应能力的企业制作；设计附着装置时，应对支承处的建筑主体结构进行验算。

6　起重机械的安全装置应灵敏、可靠；主要承载结构件应完好；结构件的连接螺栓、销轴应有效；机构、零部件、电气设备线路和元件应符合相关要求：

(1)起重机械的安全装置必须齐全，并应按程序进行调试合格。

(2)连接件及其防松防脱件严禁用其他代用品代用；连接件及其防松防脱件应使用力矩扳手或专用工具紧固连接螺栓。

(3)电气设备应按使用说明书的要求进行安装，安装所用的电源线路应符合规范要求。

7　起重机械与架空线路安全距离应符合规范要求：

起重机械严禁越过无防护设施的外电架空线路作业；在外电架空线路附近吊装时，起重机械的任何部位或被吊物边缘在最大偏斜时与架空线路边线的最小安全距离应符合规范要求。

8　应按规定在起重机械安装、拆卸、顶升和使用前向相关作业人员进行安全技术交底：

(1)起重机械安装作业，应根据专项施工方案要求实施；安装作业人员应分工明确、职责清楚。安装前应对安装作业人员进行安全技术交底。

(2)起重机械使用前，应对起重司机、起重信号工、司索工等作业人员进行安全技术交底。

9　定期检查和维护保养应符合相关要求：

(1)每班作业应做好例行保养,并应做好记录。记录的主要内容应包括结构件外观、安全装置、传动机构、连接件、制动器、索具、夹具、吊钩、滑轮、钢丝绳、液位、油位、油压、电源、电压等。

(2)实行多班作业的设备,应执行交接班制度,认真填写交接班记录,接班司机经检查确认无误后,方可开机作业。

(3)起重机械的主要部件和安全装置等应进行经常性检查,每月不得少于一次,并应有记录;当发现有安全隐患时,应及时进行整改。

(4)当起重机械使用周期超过一年时,应按规范要求进行一次全面检查,合格后方可继续使用。

(5)当使用过程中起重机械发生故障时,应及时维修,维修期间应停止作业。

5.3.2 塔式起重机

1 作业环境应符合规范要求。多塔交叉作业防碰撞安全措施应符合规范及专项方案要求:

(1)塔式起重机的选型和布置应满足工程施工要求,便于安装和拆卸,并不得损害周边其他建筑物或构筑物。

(2)当多台塔式起重机在同一施工现场交叉作业时,应编制专项方案,并应采取防碰撞的安全措施。

(3)任意两台塔式起重机之间的最小架设距离应符合下列规定:低位塔式起重机的起重臂端部与另一台塔式起重机的塔身之间的距离不得小于2 m;高位塔式起重机中处于最低位置的部件(或吊钩升至最高点或平衡重的最低部位)与低位塔式起重机中处于最高位置的部件之间的垂直距离不得小于2 m。

2 塔式起重机的起重力矩限制器、起重量限制器、行程限位装置等安全装置应符合规范要求:

(1)塔式起重机的力矩限制器、重量限制器、变幅限位器、行走限位器、高度限位器等安全保护装置不得随意调整和拆除,严禁用限位装置代替操纵机构。

(2)塔式起重机的安全装置必须齐全,并应按程序进行调试合格。

3 吊索具的使用及吊装方法应符合规范要求:

(1)塔式起重机安装、使用、拆卸时,吊具与索具产品应符合规范要求;吊具和索具应与吊重种类、吊运具体要求及环境条件相适应;作业前应对吊具与索具进行检查,当确认完好后方可投入使用;吊具承载时不得超过额定起重量,吊索(含各分肢)不得超过安全工作载荷;塔式起重机吊钩的吊点应与吊重重心在同一条铅垂线上,使吊重处于稳定平衡状态。

(2)对新购置或修复的吊具、索具应进行检查,确认合格后,方可使用。

(3)吊具、索具在每次使用前应进行检查,经检查确认符合要求后,方可继续使用。当发现有缺陷时,应停止使用。

(4)吊具与索具每6个月应进行一次检查,并应做好记录。检验记录应作为继续使用、维修或报废的依据。

4　应按规定在顶升(降节)作业前对相关机构、结构进行专项安全检查:

(1)塔式起重机在顶升(降节)作业前,应对塔式起重机自身的架设机构进行检查,保证机构处于正常状态。

(2)塔式起重机在安装、增加塔身标准节之前应对结构件和高强度螺栓进行检查。

(3)塔式起重机每次降节前,应检查顶升系统和附着装置的连接等,确认完好后方可进行作业。

(4)塔式起重机在安装前和使用过程中,发现有下列情况之一的,不得安装和使用:结构件上有可见裂纹和严重锈蚀的;主要受力构件存在塑性变形的;连接件存在严重磨损和塑性变形的;钢丝绳达到报废标准的;安全装置不齐全或失效的。

5.3.3　施工升降机

1　防坠安全装置在标定期限内安装应符合规范要求:

(1)严禁施工升降机使用超过有效标定期的防坠安全器。

(2)齿轮齿条式施工升降机的吊笼应设有防坠安全器和安全钩;防坠安全器应采用渐进式,不允许采用瞬时式;防坠安全器出厂后动作速度不得随意调整。

(3)钢丝绳式施工升降机应安装有停层防坠落装置,该装置应在吊笼达到工作面后,人员进入吊笼前起作用,使吊笼固定在导轨架上。

2　按规定制定各种载荷情况下齿条和驱动齿轮、安全齿轮的正确啮合保证措施:

(1)应采取措施保证齿条节线和与其平行的齿轮节圆切线重合或距离不超出模数的1/3。

(2)应采取措施保证齿轮与齿条啮合的计算宽度,齿条应全宽度参与啮合。

3　附墙架的使用和安装应符合使用说明书及专项施工方案要求:

(1)施工升降机应按照使用说明书要求设置附墙架,附墙架附着点处的建筑结构承载力应满足施工升降机使用说明书的要求。

(2)施工升降机的附墙架形式、附着高度、垂直间距、附着点水平距离、附墙架与水平面之间的夹角、导轨架自由端高度、导轨架与主体结构间的水平距离等均应符合使用说明书的要求。

(3)基础预埋件、连接构件的设计、制作应符合使用说明书的要求。

4　层门的设置应符合规范要求:

(1)施工升降机架体底部应设防护围栏及围栏门,并应完好无损,围栏门应装有电气连锁开关,吊笼应在围栏门关闭后方可启动。

(2)施工升降机各停层处应设置层门,应保证在关闭时人员不能进出。

(3)层门不应突出到吊笼的升降通道上;层门不得向吊笼运行通道一侧开启,实体板的层门上应在视线位置设观察窗。

5　应由依法取得建设行政主管部门起重设备安装工程专业承包资质的单位负责施工,并必须由经过专业培训,取得操作证的专业人员进行操作和维修。

6　地基应浇制混凝土基础,必须符合施工升降机使用说明书的要求,说明书无要求时其承载能力应大于150 kPa,地基上表面平整度允许偏差为10 mm,并应有排水设施。

7　应保证升降机的整体稳定性,升降机导轨架的纵向中心线至建筑物外墙面的距离宜选用说明书提供的较小的安装尺寸。

8 升降机安装在建筑物内部井道中间时,应在全行程范围四周搭设封闭屏障。装设在阴暗处或夜班作业的升降机,应在全行程范围装设足够的照明和明亮的楼层编号标志灯。

9 升降机安装后,应经企业技术负责人会同有关部门对基础和附墙支架及升降机架设安装的质量、精度等进行全面检查,并应按规定程序进行技术试验(包括坠落试验),经试验合格签证后,方可投入运行。

10 升降机的防坠安全器,只能在有效的标定期限内使用,有效标定期限不应超过1年。使用过程中不得任意拆检调整。

11 升降机安装后,在投入使用前,必须经过坠落试验。升降机在使用过程中每隔3个月,应进行一次坠落试验。试验程序应按说明书规定进行,梯笼坠落试验制动距离不得超过1.2 m;试验后及正常操作中每发生一次防坠动作,均必须由专门人员进行复位。

12 升降机在大风(风速10.8 m/s及以上)、大雨、大雾及导轨架、电缆等结冰时,必须停止运行,并将梯笼降到底层,切断电源。暴风雨后,应对升降机各有关安全装置进行一次检查,确认正常后,方可运行。

5.3.4 物料提升机

1 安全停层装置应齐全、有效:

(1)当荷载达到额定起重量的90%时,起重量限制器应发出警示信号;当荷载达到额定起重量的110%时,起重量限制器应切断上升主电路电源。

(2)当吊笼提升钢丝绳断绳时,防坠安全器应制停带有额定起重机的吊笼,且不应造成结构损坏。自升平台应采用渐进式防坠安全器。

(3)安全停层装置应为刚性结构,吊笼停层时,安全停层装置应能可靠承担吊笼自重、额定荷载及运料人员等的全部工作荷载。吊笼停层后底板与停层平台的垂直偏差不应大于50 mm。

2 钢丝绳的规格、使用应符合规范要求:

(1)钢丝绳应在卷筒上排列整齐,当吊笼处于最低位置时,卷筒上钢丝绳严禁少于3圈。

(2)滑轮应与钢丝绳相匹配,卷筒、滑轮应设置防止钢丝绳脱出的装置。

3　附墙架应符合要求。缆风绳、地锚的设置应符合规范及专项施工方案要求：

(1)附墙架与物料提升机架体之间及建筑物之间应采用刚性连接；附墙架及架体不得与脚手架连接。附墙架的设置应符合设计要求，其间隔不宜大于 9 m，且在建筑物顶部应设置一组附墙架，悬高应符合使用说明书要求。

(2)当提升机无法用附墙架时，应采用缆风绳稳固架体。缆风绳安全系数应选用 3.5，并应经计算确定，直径不应小于 9.3 mm。当提升机高度在 20 m 及以下时，缆风绳不应少于 1 组；提升机高度在 21~30 m 时，缆风绳不应少于 2 组。缆风绳与地面夹角不应大于 60°。当物料提升机安装高度大于或等于 30 m 时，不得使用缆风绳。

(3)地锚应根据导轨架的安装高度及土质情况，经设计计算确定；地锚顶部应设有防止缆风绳滑脱的装置。

5.4　脚手架工程

5.4.1　一般规定

1　作业脚手架底部立杆上设置的纵向、横向扫地杆应符合规范及专项施工方案要求：

(1)纵向扫地杆，应采用直角扣件固定在距钢管底端不大于 200 mm 处的立杆上。

(2)横向扫地杆，应采用直角扣件固定在紧靠纵向扫地杆下方的立杆上。

(3)脚手架立杆基础不在同一高度时，必须将高处的纵向扫地杆向低处延长两跨与立杆固定，高低差不应大于 1 m。

2　连墙件的设置应符合规范及专项施工方案要求：

(1)连墙件的安装必须随作业脚手架搭设同步进行，严禁滞后安装。

(2)当作业脚手架操作层高出相邻连墙件以上 2 步时，在上层连墙件安装完毕前,必须采取临时拉结措施。

(3)脚手架连墙件设置的位置、数量应按专项施工方案确定。连墙件布置的最大间距应满足规范要求。

(4)开口型脚手架的两端必须设置连墙件,连墙件的垂直间距不应大于建筑物的层高,并不应大于 4 m。

3　步距、跨距搭设应符合规范及专项施工方案要求。

4　剪刀撑的设置应符合规范及专项施工方案要求:

(1)高度在 24 m 及以上的双排脚手架,应在外侧全立面连续设置剪刀撑;高度在 24 m 以下的单、双排脚手架,均必须在外侧两端、转角及中间间隔不超过 15 m 的立面上,各设置一道剪刀撑,并应由底至顶连续设置。

(2)开口型双排脚手架的两端均必须设置横向斜撑。

5　架体基础应符合规范及专项施工方案要求:

(1)脚手架地基与基础的施工,应根据脚手架所受荷载、搭设高度、搭设场地土质情况和规范要求进行。

(2)脚手架基础经验收合格后,应按施工组织设计或专项方案的要求放线定位。

6　架体材料和构配件应符合规范及专项施工方案要求,扣件按规定进行抽样复试:

(1)脚手架钢管应采用现行国家标准中规定的 Q235 普通钢管,钢管的钢材质量应符合现行国家标准中 Q235 级钢的规定。

(2)扣件应采用可锻铸铁或铸钢制作,其质量和性能应符合规范要求,而采用其他材料制作的扣件,应经试验证明其质量符合该规范规定后方可使用;扣件在螺栓拧紧扭力矩达到 65 N · m 时,不得发生破坏。

(3)脚手板可采用钢、木、竹材料制作,单块脚手板的质量不宜大于 30 kg。

(4)可调托撑的螺杆与支托板焊接应牢固,焊缝高度不得小于 6 mm;可调托撑螺杆与螺母旋合长度不得少于 5 扣,螺母厚度不得小于 30 mm;可调托撑受压承载力设计值不应小于 40 kN,支托板厚度不应小于 5 mm。

(5)悬挑脚手架用型钢的材质应符合规范要求;用于固定型钢悬挑梁的 U 形钢筋拉环或锚固螺栓材质应符合规范中 HPB235 级钢筋的规定。

7　脚手架上严禁集中荷载。

作业层上的施工荷载应符合设计要求,不得超载;不得将模板支架、缆风绳、泵送混凝土和砂浆的输送管等固定在架体上;严禁悬挂起重设备,严禁拆除或移动架体上安全防护设施。

8　架体的封闭应符合规范及专项施工方案要求:

(1)脚手板应铺设牢靠、严实,并应用安全网双层兜底。施工层以下每隔 10 m 应用安全网封闭。

(2)单、双排脚手架,悬挑式脚手架沿架体外围应用密目式安全网全封闭,密目式安全网宜设置在脚手架外立杆的内侧,并应与架体绑扎牢固。

9　脚手架上脚手板的设置应符合规范及专项施工方案要求。

作业脚手架的作业层上应满铺脚手板,并应采取可靠的连接方式与水平杆固定。当作业层边缘与建筑物间隙大于 150 mm 时,应采取防护措施。作业层外侧应设置栏杆和挡脚板。

10　脚手架的拆除作业应符合规范及专项施工方案要求:

(1)架体的拆除应从上而下逐层进行,严禁上下同时作业。

(2)同层杆件和构配件必须按先外后内的顺序拆除;剪刀撑、斜撑杆等加固杆件必须在拆卸至该杆件所在部位时再拆除。

(3)作业脚手架连墙件必须随架体逐层拆除,严禁先将连墙件整层或数层拆除后再拆架体;拆除作业过程中,当架体的自由端高度超过 2 个步距时,必须采取临时拉结措施。

5.4.2　附着式升降脚手架

1　附着支座设置应符合规范及专项施工方案要求:

(1)附着支承安装时,预留连接螺栓孔和预埋件应垂直于建筑结构外表面;连接处所需要的建筑结构混凝土龄期抗压强度应由计算确定;附着支承应采用不少于 2 个螺栓与建筑结构连接。

(2)附着支承应安装在竖向主框架所覆盖的每个已建楼层。当在建楼层无法安装附着支承时,应设置防止架体倾覆的刚性拉结措施。

2　防坠落、防倾覆安全装置应符合规范及专项施工方案要求:

(1)附着支承上应有防倾、导向装置。防倾、导向装置应有足够的强度,其与导轨的间隙应不大于 5 mm。在升降工况下,最上和最下防倾装置的竖向间距不得小于 2.8 m 或架体高度的 1/4;在使用工况下,最上和最下防倾装置的竖向间距不得小于 5.6 m 或架体高度的 1/2。

(2)每个机位都应有防坠落装置,防坠落装置应设置在竖向主框架处。

3　同步升降控制装置应符合规范及专项施工方案要求:

(1)升降机构应设置在竖向主框架处;升降机构应与附着支承、竖向主框架可靠连接;固定升降机构的建筑结构应安全可靠;升降机构应运转正常;单独设置的升降支座应采用不少于 2 个螺栓与建筑结构连接。

(2)同步控制装置的安装和试运行效果应符合设计要求。

(3)升降动力设备、控制系统、防坠落装置等应采取防雨、防砸、防尘等措施。

4　构造尺寸应符合规范及专项施工方案要求:

(1)架体高度不得大于 5 倍楼层高。

(2)架体宽度不得大于 1.2 m。

(3)直线布置的架体支承跨度不得大于 7 m,折线或曲线布置的架体,相邻两主框架支承点处的架体外侧距离不得大于 5.4 m。

(4)架体的水平悬挑长度不得大于 2 m,且不得大于跨度的 1/2。

(5)架体全高与支承跨度的乘积不得大于 110 m^2。

5.4.3　悬挑式脚手架

1　型钢锚固段长度及锚固型钢的主体结构混凝土强度应符合规范及专项施工方案要求:

(1)悬挑钢梁悬挑长度应按设计确定,固定段长度不应小于悬挑长度的 1.25 倍。

(2)锚固位置设置在楼板上时,楼板的厚度不宜小于 120 mm,如果楼板厚度小于120 mm应采取加固措施。

(3)锚固型钢的主体结构混凝土强度等级不得低于C20。

2 悬挑钢梁卸荷钢丝绳设置方式应符合规范及专项施工方案要求:

(1)每个型钢悬挑梁外端宜设置钢丝绳或钢拉杆与上一层建筑结构斜拉结。

(2)钢丝绳、钢拉杆不参与悬挑钢梁受力计算;钢丝绳与建筑结构拉结的吊环应使用HPB235级钢筋,其直径不宜小于20 mm,吊环预埋锚固长度应符合规范中钢筋锚固的规定。

3 悬挑钢梁的固定方式应符合规范及专项施工方案要求:

(1)型钢悬挑梁固定端应采用2个(对)及以上U形钢筋拉环或锚固螺栓与建筑结构梁板固定,U形钢筋拉环或锚固螺栓应预埋至混凝土梁、板底层钢筋位置,并应与混凝土梁、板底层钢筋焊接或绑扎牢固,其锚固长度应符合规范中钢筋锚固的规定。

(2)当型钢悬挑梁与建筑结构采用螺栓钢压板连接固定时,钢压板尺寸不应小于100 mm×10 mm(宽×厚);当采用螺栓角钢压板连接时,角钢压板的规格不应小于63 mm×63 mm×6 mm。

4 底层封闭应符合规范及专项施工方案要求。

悬挑脚手架的底层和建筑物的间隙应采用硬质材料进行全封闭。

5 悬挑钢梁端立杆定位点应符合规范及专项施工方案要求。

型钢悬挑梁悬挑端应设置能使脚手架立杆与钢梁可靠固定的定位点,定位点离悬挑梁端部不应小于100 mm。

5.4.4 高处作业吊篮

1 各限位装置应齐全有效。

吊篮应安装上限位装置,并应保证限位装置灵敏可靠。

2 安全锁必须在有效的标定期限内:

(1)吊篮应安装防坠安全锁,并应灵敏有效。

(2)防坠安全锁不应超过标定期限。

3 吊篮内作业人员不应超过2人:

(1)必须由经过培训合格的人员操作吊篮升降;吊篮内的作业人

员不应超过2人。

(2)吊篮内作业人员应将安全带用安全锁扣正确挂置在独立设置的专用安全绳上。

(3)作业人员应从地面进出吊篮。

4　安全绳的设置和使用应符合规范及专项施工方案要求：

(1)吊篮应设置为作业人员挂设安全带专用的安全绳和安全锁扣,安全绳应固定在建筑物可靠位置上,不得与吊篮上的任何部位连接。

(2)钢丝绳不应有断丝、断股、松股、锈蚀、硬弯及油污和附着物。

(3)安全钢丝绳应单独设置,型号、规格应与工作钢丝绳一致。

(4)吊篮运行时安全钢丝绳应张紧悬垂。

(5)电焊作业时应对钢丝绳采取保护措施。

5　吊篮悬挂机构前支架设置应符合规范及专项施工方案要求：

(1)悬挂机构前支架不得支撑在女儿墙及建筑物外挑檐边缘等非承重结构上。

(2)悬挂机构前梁外伸长度应符合产品说明书规定。

(3)前支架应与支撑面垂直,且脚轮不应受力。

(4)上支架应固定在前支架调节杆与悬挑梁连接的节点处。

6　吊篮配重件重量和数量应符合说明书及专项施工方案要求：

(1)严禁使用破损的配重块或其他替代物。

(2)配重块应固定可靠,重量应符合设计要求。

5.4.5　操作平台

1　移动式操作平台的设置应符合规范及专项施工方案要求：

(1)移动式操作平台面积不宜大于10 m^2,高度不宜大于5 m,高宽比不应大于2∶1,施工荷载不应大于1.5 kN/m^2。

(2)移动式操作平台的轮子与平台架体连接应牢固,立柱底端离地面不得大于80 mm,行走轮和导向轮应配有制动器或刹车闸等制动措施。

(3)移动式行走轮承载力不应小于5 kN,制动力矩不应小于2.5 N·m,移动式操作平台架体应保持垂直,不得弯曲变形,制动器除在移动状态外,均应保持制动状态。

(4)移动式操作平台移动时,操作平台上不得站人。

(5)移动式升降工作平台应符合规范要求。

2　落地式操作平台的设置应符合规范及专项施工方案要求:

(1)落地式操作平台架体构造应符合下列规定:操作平台高度不应大于15 m,高宽比不应大于3:1;施工平台的施工荷载不应大于2.0 kN/m^2;当接料平台的施工荷载大于2.0 kN/m^{2}时,应进行专项设计;操作平台应与建筑物进行刚性连接或加设防倾措施,不得与脚手架连接。

(2)用脚手架搭设操作平台时,其立杆间距和步距等结构要求应符合国家现行相关脚手架规范的要求;应在立杆下部设置底座或垫板、纵向与横向扫地杆,并应在外立面设置剪刀撑或斜撑。

(3)操作平台应从底层第一步水平杆起逐层设置连墙件,且连墙件间隔不应大于4 m,并应设置水平剪刀撑;连墙件应为可承受拉力和压力的构件,并应与建筑结构可靠连接。

(4)落地式操作平台搭设材料及搭设技术要求、允许偏差应符合规范要求;落地式操作平台应按规范要求计算受弯构件强度、连接扣件抗滑承载力、立杆稳定性、连墙杆件强度与稳定性及连接强度、立杆地基承载力等。

(5)落地式操作平台一次搭设高度不应超过相邻连墙件以上两步;落地式操作平台拆除应由上而下逐层进行,严禁上下同时作业,连墙件应随施工进度逐层拆除。

3　悬挑式操作平台的设置应符合规范及专项施工方案要求:

(1)悬挑式操作平台的搁置点、拉结点、支撑点应设置在稳定的主体结构上,且应可靠连接;严禁将操作平台设置在临时设施上;操作平台的结构应稳定可靠,承载力应符合设计要求。

(2)悬挑式操作平台的悬挑长度不宜大于5 m,均布荷载不应大于5.5 kN/m^2,集中荷载不应大于15 kN,悬挑梁应锚固固定。

(3)悬挑式操作平台应设置4个吊环,吊运时应使用卡环,不得使吊钩直接钩挂吊环;吊环应按通用吊环或起重吊环设计,并应满足强度要求。

(4)悬挑式操作平台安装时,钢丝绳应采用专用的钢丝绳夹连接,钢丝绳夹数量应与钢丝绳直径相匹配,且不得少于4个。建筑物锐角、利口周围系钢丝绳处应加衬软垫物。

(5)悬挑式操作平台的外侧应略高于内侧;外侧应安装防护栏杆并应设置防护挡板全封闭。人员不得在悬挑式操作平台吊运、安装时上下。

5.5 钢结构工程

5.5.1 钢结构工程人员、设备、防护应满足相关规范安全要求。

1 钢结构焊接工程相关人员的安全、健康及作业环境应遵守相关安全健康的规范要求。

2 钢结构吊装作业必须在起重设备的额定起重量范围内进行。

3 用于吊装的钢丝绳、吊装带、卸扣、吊钩等吊具应经检查合格,并应在其额定许用荷载范围内使用。

4 钢结构安装所需的平面安全通道应分层连续搭设,宽度不宜小于600 mm,且两侧应设置安全护栏或防护钢丝绳。在钢梁或钢桁架上行走的作业人员应佩戴双钩安全带。

5 建筑物楼层钢梁吊装完毕后,应及时分区铺设安全网。并在每层临边设置防护栏,且防护栏高度不应低于1.2 m。

5.5.2 钢结构构件及部品部件吊装应满足相关规范安全要求。

1 钢柱吊装松钩时,施工人员宜通过钢挂梯登高,并应采用防坠器进行人身保护。钢挂梯应预先与钢柱可靠连接,并应随柱起吊。

2 现场油漆涂装和防火涂料施工时,应按产品说明书的要求进行产品存放和防火保护。气体切割和高空焊接作业时,应清除作业区危险易燃物,并应采取防火措施。

3 构件吊装作业时,全过程应平稳进行,不得碰撞、歪扭、快起和急停。应控制吊装时的构件变形,吊点位置应根据构件本身的承载力与稳定性经验算后确定,在构件吊装就位后宜同步进行校正,应采取临时加固措施。

4　钢结构安装应根据结构特点按照合理顺序进行,并应形成稳固的空间刚度单元,必要时应增加临时支承结构或临时措施。

5　压型钢板表面有水、冰、霜或雪时,应及时清除,并应采取相应的防滑保护措施。

5.5.3　钢结构整体吊装应满足相关规范安全要求。

1　当风速达到 10 m/s 时,宜停止吊装作业;当风速达到 15 m/s 时,不得吊装作业。

2　吊装区域应设置安全警戒线,非作业人员严禁入内。吊装物吊离地面 200 ~ 300 mm 时,应进行全面检查,并应确认无误后再正式起吊。

3　钢结构整体吊装时,现场需布置满足钢结构地面整体拼装的场地,场地硬化条件需满足拼装要求,同时拼装胎架需进行验算设计。

4　钢结构施工期间,应对结构变形、环境变化等进行过程监测,监测方法、内容及部位应根据设计或结构特点确定。

5.5.4　索膜结构施工应满足相关规范安全要求。

1　吊装时要注意膜面的应力分布均匀,必要时可在膜上焊接连续的吊装搭扣,用两片钢板夹紧搭扣来吊装;焊接吊装搭扣时要注意其焊接的方向,以保证吊装时焊缝处是受拉的,避免焊缝受剥离。

2　吊装时的移动过程应缓慢、平稳,并有工人从不同角度以拉绳协助控制膜的移动;大面积膜面的吊装应选择在晴朗无风的天气进行。

3　吊装就位后,要及时固定膜边角;当天不能完成张拉的,要采取相应的安全措施,防止夜间大风或因降雨积水造成膜面撕裂。

4　作业过程中安装指导人员要经常检查整个膜面,密切监控膜面的应力情况,防止因局部应力集中或超张拉造成意外。高空作业时要确保人身安全。

5.6　暗挖及爆破工程

5.6.1　竖井施工应符合规范及专项施工方案要求。

1　井口应配置井盖，除升降人员和物料进出外，井盖不得打开。井口应设防雨设施，通向井口的轨道应设挡车器。井口周围应设防护栏杆和安全门，防护栏杆的高度不得小于1.2 m。

2　竖井井架应安装避雷装置。

3　对竖井吊桶、罐笼升降作业，应制定操作规程，并严格执行。

4　每次爆破后，应有专人清除危石和掉落在井圈上的石渣，并检查初期支护和临时支撑，清理完后方可正常工作。

5　设置的水箱、集水坑处应挂设警示牌标识，并对设备进行挡护。

5.6.2　洞口工程施工应符合规范及专项施工方案要求。

1　洞口施工前，应先清理洞口上方及侧方可能滑塌的表土、灌木及山坡危石等。

2　洞口的截、排水系统应在进洞前完成，并应与路基排水顺接。

3　洞口施工应采取措施保护周围建(构)筑物、既有线、洞口附近交通道路。

4　洞口边坡、仰坡坡面防护应符合设计及规范要求，洞口施工应监测边坡、仰坡变形。

5　洞口开挖应先支护后开挖，自上而下分层开挖、分层支护。不得掏底开挖或上下重叠开挖。陡峭、高边坡的洞口应根据设计和现场需要设安全棚、防护栏杆或安全网，危险段应采取加固措施。

5.6.3　洞身开挖施工应符合规范及专项施工方案要求。

1　施工中应确定合理开挖步骤和循环进尺，保持各开挖工序相互衔接，均衡施工。双洞开挖时，应确定好两洞开挖的时间差和距离差。

2　当采用台阶法和环形开挖预留核心土法施工时，若围岩较差、开挖工作面不稳定，应采用短进尺、上下台阶错开开挖或预留核心土措施，宜采用喷射混凝土、注浆等措施加固开挖工作面。台阶下部开挖后应及时喷射混凝土封闭。

3　施工中，若发现围岩条件变差或支护状态结构异常，应及时采取相应措施。

4　涌水段开挖宜采用超前钻孔探水查清含水层厚度、岩性、水量与水压。

5.6.4　支护施工应符合规范及专项施工方案要求。

1　在围岩自稳程度差的地段,应先进行超前支护、预加固处理,并应符合设计要求。

2　应随时观察支护各部位,支护变形或损坏时,作业人员应及时撤离现场。

3　喷射混凝土前清理受喷岩面的浮石、岩屑、杂物和粉尘等。岩面渗水处采取引排措施。车辆支腿应充分外伸;伸展支腿时,不得有人处于危险区域。

4　钢架施工时,钢架底脚基础应坚实、牢固。相邻的钢架应连接成整体。下部开挖后,钢架应及时接长、落底,钢架底脚不得左右同时开挖。拱脚不得脱空,不得有积水浸泡。临时钢架支护应在隧道钢架支撑封闭成环并满足设计要求后拆除。

5.6.5　衬砌施工应符合规范及专项施工方案要求。

1　隧道内不得加工钢筋。衬砌钢筋安装应设临时支撑,临时支撑应牢固可靠并有醒目的安全警示标志。

2　进行钢筋焊接作业时,在防水板一侧应设阻燃挡板。照明灯具不得烘烤防水板。

3　衬砌台车应经专项设计,衬砌台车、台架组装调试完成后应组织验收,并应试行走,日常使用应按规定维护保养。

4　拱架、墙架和模板拆除应符合规范要求。

5　仰拱应分段一次整幅浇筑,并应根据用岩情况严格限制分段长度。

5.6.6　隧道内供风、供电、给排水应符合规范及专项施工方案要求。

1　隧道内供风:

(1)隧道施工独头掘进长度超过 150 m 时应采用机械通风;通风方式应根据隧道长度、断面大小、施工方法、设备条件等确定,主风流的风量不能满足隧道掘进要求时,应设置局部通风系统。

(2)通风机应装有保险装置,发生故障时应自动停机。

(3)通风管安装作业台架应稳定牢固,并应经验收合格。

(4)隧道施工通风应纳入工序管理,由专人负责;主风机间歇时,受影响的工作面应停止工作。

(5)隧道施工通风应能提供洞内各项作业所需要的最小风量。

2　隧道内供电:

(1)施工现场临时用电工程专用的电源中性点直接接地的220/380 V三相四线制低压电力系统,供电线路架设应遵循“高压在上、低压在下,干线在上、支线在下,动力线在上、照明线在下”的原则。

(2)成洞地段固定的用电线路应采用绝缘良好的胶皮线架设,施工地段的临时用电线路应采用橡套电缆;竖井、斜井地段应采用铠装电缆,瓦斯地段输电线应使用密封电缆。

(3)作业地段照明电压不宜大于36 V,成洞段和不作业地段电压宜采用220 V,照明灯具宜采用冷光源;漏水地段应采用防水灯具,瓦斯地段应采用防爆灯具。

(4)隧道内用电线路和照明设备应设专人负责检查和维护,检修电路与照明设备应切断电源。

3　隧道内给排水:

(1)施工供水的蓄水池应设防渗漏措施和安全防护设施,且不得设于隧道正上方。

(2)隧道内顺坡排水沟断面应满足隧道排水需要。

(3)隧道内反坡排水方案应根据距离、坡度、水量和设备情况确定。

(4)如遇渗漏水面积或水量突然增加,应立即停止施工,人员撤至安全地点。

5.6.7　隧道内交通应符合规范及专项施工方案要求。

1　严禁人料混载,不得超载、超宽、超高、超速运输。运装大体积或超长料具时,应由专人指挥,专车运输,并设置显示界限的红灯。

2　从隧道的开挖面到弃渣场地,会车场所、转向场所及行人的安全通路设置应按施工方案要求执行。

3　在洞口、平交道口、狭窄的施工场地,应设置明显的警示标志,必要时应设专人指挥交通。

5.6.8　瓦斯隧道施工应符合规范及专项施工方案要求。

1　通风设施应保持良好状态,各个工作面应独立通风,严禁两个作业面之间串联通风。

2　高瓦斯工区和瓦斯突出工区电气设备与作业机械必须使用防爆型。

3　作业面应配备瓦检仪,高瓦斯工点和瓦斯突出的地段应配置高浓度瓦检仪和自动检测报警断电装置,瓦斯隧道聚集处应设置瓦斯自动报警仪。

4　进入隧道施工前,应检测开挖面及附近 20 m 范围内、断面变化处、导坑上部、衬砌与未衬砌交界处上部、衬砌台车内部、拱部塌穴等易集聚瓦斯部位、机电设备及开关附近 20 m 范围内、岩石裂隙、溶洞、采空区、通风不良地段部位的瓦斯浓度。

5　爆破作业应使用煤矿许用炸药和煤矿许用瞬发电雷管或煤矿许用毫秒延期电雷管,并使用防爆型发爆器起爆。严禁使用黑火药或冻结、半冻结的硝化甘油类炸药,同一工作面不得使用两种不同品种的炸药。爆破母线应呈短路状态,并包覆绝缘层。

6　严禁火源进洞。

5.6.9　爆破作业应符合规范及专项施工方案要求。

1　钻爆设计应符合规范要求。爆破作业单位使用爆破器材的购买、运输、贮存等均应符合规范要求,隧道爆破作业人员应经过专业培训,持证上岗。

2　钻孔作业:

(1)钻孔前应定出开挖断面中线、水平线和断面轮廓,经检查符合规定后方可钻孔。

(2)浅孔爆破应采用湿式凿岩,深孔爆破凿岩机应配收尘设备;在残孔附近钻孔时应避免凿穿残留炮孔,在任何情况下均不许钻残孔。

(3)非程控钻机钻孔前应标出炮孔位置,钻孔完成后,应按炮孔布置图检查并做好记录,不符合规定的炮孔应重钻,经检查合格后方可装药。

3 装药作业:

(1)严禁作业人员穿戴化纤衣服。

(2)应使用木质或竹质炮棍装药。非间隔装药时各药卷间应彼此密接。

(3)严禁装药与钻孔平行作业。

(4)已装药的炮孔应及时堵塞密封。除膨胀岩土地段和寒区隧道外,炮泥宜采用水炮泥、黏土炮泥。严禁用块状材料、煤粉或其他可燃材料作炮泥。

4 起爆作业:

(1)起爆前,所有人员应撤至不受有害气体、振动及飞石伤害的安全地点;安全地点至爆破工作面的距离,在独头坑道内不应小于200 m,当采用全断面开挖时,应根据爆破方法与装药量计算确定安全距离。起爆前班组长应清点人数,确认无误后,方可下达起爆指令。

(2)盲炮检查应在爆破15 min后实施,若发现盲炮应立即安全警戒,及时报告并由原爆破人员处理。处理瞎炮、残炮应符合规范要求。

5.7 临时用电

5.7.1 应按规定编制临时用电施工组织设计,并履行审核、验收手续。

1 施工单位应当在施工组织设计中,依据《施工现场临时用电安全技术规范》编制安全技术措施和施工现场临时用电方案,施工现场临时用电设备在5台以下和设备总容量在50 kW以下者,应制定安全用电和电气防火措施。

2 临时用电工程组织设计编制及变更时,必须履行"编制、审核、批准"程序,由电气工程技术人员组织编制,经相关部门审核及具有法人资格企业的技术负责人批准后实施。变更用电工程组织设计时,应补充有关图纸资料。

3 临时用电工程必须经编制、审核、批准部门和使用单位共同验收,合格后方可使用。

5.7.2 施工现场临时用电管理应符合相关要求。

1 电工必须在按国家现行标准考核合格后,持证上岗工作;其他用电人员必须通过相关安全教育培训和技术交底,考核合格后方可上岗工作。

2 安装、巡检、维修或拆除临时用电设备和线路,必须由电工完成,并应有人监护。电工等级应同工程的难易程度和技术复杂性相适应。

3 临时用电工程应定期检查。定期检查时,应复查接地电阻值和绝缘电阻值,进行剩余电流动作保护器的剩余电流动作参数测定。

4 临时用电工程定期检查应按分部、分项工程进行,对安全隐患必须及时处理,并应履行复查验收手续。

5.7.3 施工现场配电系统应符合规范要求。

1 建设施工现场临时用电工程专用的电源中性点直接接地的220/380 V 三相四线制低压电力系统,必须采用三级配电系统,采用TN-S 接零保护系统,采用二级剩余电流保护系统。

2 配电系统应设置总配电箱、分配电箱、开关箱三级配电装置,实行三级配电。

3 在施工现场专用变压器供电的TN-S 接零保护系统中,电气设备的金属外壳必须与保护零线连接。在TN 接零保护系统中,通过总剩余电流动作保护器的工作零线与保护零线之间不得再做电气连接。在TN 接零保护系统中,PE 线应单独敷设。重复接地线必须与PE 线相连接,严禁与N 线相连接。PE 线上严禁装设开关或熔断器,严禁通过工作电流,且严禁断线。

4 配电装置中剩余电流动作保护器的极数和线数必须与其负荷侧负荷的相数和线数一致。

5 施工现场内所有防雷装置的冲击接地电阻值不得大于30 Ω。对于防雷接地机械上的电气设备,所连接的PE 线必须同时做重复接地,同一台机械电气设备的重复接地和机械的防雷接地可共用同一接地体,但接地电阻应符合重复接地电阻值的要求。

6 每一接地装置的接地线应采用2 根及以上导体,在不同点与接地体做电气连接。不得采用铝导体做接地体或地下接地线。垂直接地体宜采用角钢、钢管或光面圆钢,不得采用螺纹钢。

5.7.4　配电设备设置应符合规范要求。

1　配电室设置：

(1)配电室应靠近电源，并应设在灰尘少、潮气少、振动小、无腐蚀介质、无易燃易爆物及道路畅通的地方。

(2)成列的配电柜和控制柜两端应与重复接地线及保护零线做电气连接。

(3)配电室和控制室应能自然通风，并应采取防止雨雪侵入和动物进入的措施。

(4)配电室的建筑物和构筑物的耐火等级不低于3级，室内配置砂箱和可用于扑灭电气火灾的灭火器。

2　总配电箱设置：

(1)总配电箱应设在靠近电源的区域，总配电箱的电器应具备电源隔离，正常接通与分断电路，以及短路、过载、剩余电流保护功能。

(2)总配电箱的隔离开关应设置于电源进线端，应采用分断时具有可见分断点，并能同时断开电源所有极的隔离电器；如采用分断时具有可见分断点的断路器，可不另设隔离开关。

(3)总配电箱的熔断器应选用具有可靠灭弧分断功能的产品。

(4)总开关电器的额定值、动作整定值应与分路开关电器的额定值、动作整定值相适应。

(5)总配电箱应装设电压表、总电流表、电度表及其他需要的仪表；专用电能计量仪表的装设应符合当地供用电管理部门的要求；装设电流互感器时，其二次回路必须与保护零线有一个连接点，且严禁断开电路。

3　分配电箱设置：

(1)总配电箱以下可设若干分配电箱；分配电箱应设在用电设备或负荷相对集中的区域，分配电箱与开关箱的距离不得超过30 m。

(2)动力配电箱与照明配电箱宜分别设置；当合并设置为同一配电箱时，动力和照明应分路配电；动力开关箱与照明开关箱必须分设。

(3)配电箱的电器安装板上必须分设N线端子板和PE线端子板。N线端子板必须与金属电器安装板绝缘；PE线端子板必须与金属电器安装板做电气连接。进出线中的N线必须通过N线端子板连接;PE线必须通过PE线端子板连接;配电箱内的连接线必须采用铜芯绝缘导线。

(4)分配电箱应装设总隔离开关、分路隔离开关及总断路器、分路断路器或总熔断器、分路熔断器。

4 开关箱设置:

(1)分配电箱以下可设若干开关箱,开关箱与其控制的固定式用电设备的水平距离不宜超过3 m。

(2)每台用电设备应有各自专用的开关箱,严禁用同一个开关箱直接控制2台及2台以上用电设备(含插座)。

(3)开关箱必须装设隔离开关、断路器或熔断器,以及剩余电流动作保护器;当剩余电流动作保护器是同时具有短路、过载、剩余电流保护功能的剩余电流断路器时,可不装设断路器或熔断器;隔离开关应采用分断时具有可见分断点、能同时断开电源所有极的隔离电器,并应设置于电源进线端。当断路器具有可见分断点时,可不另设隔离开关;开关箱内的连接线必须采用铜芯绝缘导线。

(4)开关箱中的隔离开关只可直接控制照明电路和容量不大于3.0 kW的动力电路,但不应频繁操作;容量大于3.0 kW的动力电路应采用断路器控制,操作频繁时还应附设接触器或其他启动控制装置。

5 配电线路设置:

(1)架空线必须采用绝缘导线;在跨越铁路、公路、河流、电力线路档距内,架空线路不得有接头;架空线路的档距不得大于35 m;架空线路与邻近线路或固定物的距离应符合规范要求;架空线路必须有短路保护;架空线路必须有过载保护。

(2)电缆中必须包含全部工作芯线和用作保护零线或保护线的芯线;需要三相四线制配电的电缆线路必须采用五芯电缆。五芯电缆必须包含淡蓝、绿/黄两种颜色绝缘芯线;淡蓝色芯线必须用作N线;绿/黄双色芯线必须用作PE线,严禁混用。

(3)电缆线路应采用埋地或架空敷设,严禁沿地面明设,并应避免机械损伤和介质腐蚀;埋地电缆路径应设方位标识;电缆线路必须有短路保护和过载保护。

(4)在建工程内的电缆线路应采用埋地暗敷设方式,严禁敷设在脚手架上;电缆线路沿墙体、梁、柱等明敷设方式,应采取支吊架、钢索或绝缘子固定。

(5)室内配线必须采用绝缘导线或电缆;室内配线应根据配线类型采用瓷瓶、瓷(塑料)夹、嵌绝缘槽、穿管或钢索敷设;潮湿场所或埋地非电缆配线必须穿管敷设,管口和管接头应密封;当采用金属管敷设时,金属管必须做等电位联结,且必须与PE线相连接;室内配线必须有短路保护和过载保护。

5.7.5　线路防护设施设置应符合规范要求。

1　在建工程不得在外电架空线路正下方施工、搭设作业棚、建造生活设施,或堆放构件、架具、材料及其他杂物等。

2　在建工程(含脚手架)的周边与外电架空线路的边线之间的最小安全操作距离应符合规范要求。当达不到规范要求时,必须采取绝缘隔离防护措施,并应悬挂醒目的警告标识。

3　起重机严禁越过无防护设施的外电架空线路作业。

4　架设防护设施时,必须经有关部门批准,采用线路暂时停电或其他可靠的安全技术措施,并应有电气工程技术人员和专职安全人员监护。

5　电气设备现场周围不得存放易燃易爆物、污染源和腐蚀介质,否则应予清除或做防护处置,其防护等级必须与环境条件相适应;电气设备设置场所应能避免物体打击和机械损伤,否则应采取防护处置。

5.7.6　漏电保护器参数应符合规范要求。

1　总配电箱中漏电保护器的额定漏电动作电流应大于30 mA,额定漏电动作时间应大于0.1 s,但其额定漏电动作电流与额定漏电动作时间的乘积不应大于30 mA·s。

2　开关箱中漏电保护器的额定漏电动作电流不应大于30 mA,额定漏电动作时间不应大于0.1 s。使用于潮湿或有腐蚀介质场所的漏电保护器应采用防溅型产品,其额定漏电动作电流不应大于15 mA,额定漏电动作时间不应大于0.1 s。

3　总配电箱和开关箱中漏电保护器的极数和线数必须与其负荷侧负荷的相数和线数一致。

5.7.7　现场照明

照明线路和安全电压为 36 V 或 24 V(我国规定:工频有效值的额定值有 42 V、36 V、24 V、12 V 和 6 V。凡特别危险环境使用的携带式电动工具应采用 42 V 安全电压;凡有电击环境使用的手持照明灯和局部照明灯应采用 36 V 或 24 V 安全电压)。线路架设应符合规范要求,照明用电和动力用电不能混用,特殊场所、手持照明灯具必须使用安全电压,阴暗作业场所、通道口设置照明或应急疏散照明灯。

5.8　现场消防

5.8.1　施工现场总平面布局应符合规范和施工方案要求。

1　施工现场出入口的设置应满足消防车通行的要求,并宜布置在不同方向。

2　施工现场临时办公、生活、生产、物料存贮等功能区宜相对独立布置。

3　易燃易爆危险品库房应远离明火作业区、人员密集区和建筑物相对集中区。

4　易燃易爆危险品库房与在建工程的防火间距不应小于 15 m,可燃材料堆放及其加工场、固定动火作业场与在建工程的防火间距不应小于 10 m,其他临时用房、临时设施与在建工程的防火间距不应小于 6 m。

5　临时消防车道的净宽度和净空高度均不应小于 4 m。

5.8.2　施工现场建筑防火应符合规范要求。

1　临时用房防火。

(1)宿舍、办公用房的防火设计应符合:建筑构件的燃烧性能等级应为 A 级;当采用金属夹心板材时,其芯材的燃烧性能等级应为 A 级。

(2)发电机房、变配电房、厨房操作间、锅炉房、可燃材料库房及易燃易爆危险品库房的防火设计应符合建筑构件的燃烧性能等级为 A

级的要求。

2 在建工程防火。

既有建筑进行扩建、改建施工时，必须明确划分施工区和非施工区。施工区不得营业、使用和居住；非施工区继续营业、使用和居住时，应符合：

(1)施工区和非施工区之间应采用不开设门、窗、洞口的，耐火极限不低于3.0 h的不燃烧体隔墙进行防火分隔。

(2)非施工区内的消防设施应完好有效，疏散通道应保持畅通，并应落实日常值班及消防安全管理制度。

(3)施工区的消防安全应配有专人值守，若发生火情应能立即处置。

(4)施工单位应向居住和使用者进行消防宣传教育，告知建筑消防设施、疏散通道的位置及使用方法，同时应组织疏散演练。

(5)外脚手架搭设不应影响安全疏散、消防车正常通行及灭火救援操作，外脚手架搭设长度不应超过该建筑物外立面周长的1/2。

5.8.3 施工现场临时消防设施设置应符合规范要求。

1 施工现场应设置灭火器、临时消防给水系统和应急照明等临时消防设施。临时消防设施应与在建工程的施工同步设置。在建工程可利用已具备使用条件的永久性消防设施作为临时消防设施。

2 施工现场的消火栓泵应采用专用消防配电线路。专用消防配电线路应自施工现场总配电箱的总断路器上端接入，且应保持不间断供电。

3 灭火器。

(1)在易燃易爆危险品存放及使用场所、动火作业场所、可燃材料存放/加工及使用场所、厨房操作间、锅炉房、发电机房、变配电房、设备用房、办公用房、宿舍、其他具有火灾危险的场所，均应配置灭火器。

(2)灭火器的数量应按规范要求进行配置，且每个场所的灭火器数量不应少于2具。

(3)灭火器的摆放应稳固，其铭牌应朝外。手提式灭火器宜设置在灭火器箱内或挂钩、托架上，灭火器箱不得上锁。

4 临时室外消防给水系统。

(1)临时用房建筑面积之和大于 1 000 m^2 或在建工程单体体积大于 10 000 m^3 时,应设临时室外消防给水系统。当施工现场处于市政消火栓 150 m 保护范围内,且市政消火栓水量足够满足室外消防用水量要求时,可不设置临时室外消防给水系统。

(2)施工现场临时室外消防给水系统的给水管网宜布置成环状,给水干管的管径应根据施工现场临时消防用水量和干管内水流计算速度计算确定,且不应小于 DN100。

(3)室外消火栓应沿在建工程、临时用房和可燃材料堆场及其加工场均匀布置。

5 临时室内消防给水系统。

(1)建筑高度大于 24 m 或单体体积超过 30 000 m^3 的在建工程,应设置临时室内消防给水系统。

(2)在建工程临时室内消防竖管的设置位置应便于消防人员操作,消防竖管的管径应根据在建工程临时消防用水量、竖管内水流计算速度计算确定,且不应小于 DN100;可利用正式消防竖管进行临时消防水安装。

(3)设置临时室内消防给水系统的在建工程,各结构层均应设置室内消火栓接口及消防软管接口,且应设置在位置明显且易于操作的部位。消火栓接口的前端应设置截止阀。

(4)在建工程结构施工完毕的每层楼梯处应设置消防水枪、水带及软管。

(5)高度超过 100 m 的在建工程,应在适当楼层增设临时中转水池及加压水泵。

6 应急照明。

在自备发电机房及变配电房、水泵房、无天然采光的作业场所及疏散通道、高度超过 100 m 的在建工程的室内疏散通道、发生火灾时仍需坚持工作的其他场所,均应配备临时应急照明。

5.8.4 可燃物及易燃易爆危险品管理应符合设计和规范要求。

1 用于在建工程的保温、防水、装饰及防腐等材料的燃烧性能等级应符合设计要求。

2 易燃易爆危险品应分类专库储存,库房内应通风良好,并应设置严禁明火标志。

3 室内使用油漆及其有机溶剂、乙二胺、冷底子油等易挥发产生易燃气体的物资进行作业时,应保持良好的通风,作业场所严禁明火,并应避免产生静电。

4 施工产生的可燃、易燃建筑垃圾或余料,应及时清理。

5.8.5 用火、用电、用气管理应符合设计和规范要求。

1 焊接、切割、烘烤或加热等动火作业前,应对作业现场的可燃物进行清理;作业现场及其附近无法移走的可燃物应采用不燃材料对其进行覆盖或隔离。

2 裸露的可燃材料上严禁直接进行动火作业。

3 具有火灾、爆炸危险的场所严禁明火。

4 施工现场供用电的设计、施工、运行和维护应符合规范要求。

5 储装气体的罐瓶及其附件应合格、完好和有效;严禁使用减压器及其他附件缺损的氧气瓶,严禁使用乙炔专用减压器、回火防止器及其他附件缺损的乙炔瓶。

5.8.6 施工现场的消防安全管理应符合法律法规和规范要求。

1 施工单位应在施工现场建立消防安全管理组织机构及义务消防组织,并应确定消防安全负责人和消防安全管理人员,同时应落实相关人员的消防安全管理责任。

2 施工单位应针对现场可能导致火灾发生的施工作业及其他活动,制定消防安全管理制度,编制施工现场防火技术方案、施工现场灭火及应急疏散预案。

3 施工人员进场时,施工现场的消防安全人员应向施工人员进行消防安全教育和培训;施工作业前,施工现场的施工管理人员应向作业人员进行消防安全技术交底。

4 施工过程中,施工现场的消防安全负责人应定期组织消防安全管理人员对施工现场的消防安全进行检查,定期开展灭火及应急疏散演练。

5.9 安全防护

5.9.1 洞口防护应符合规范要求。

1 当竖向洞口短边边长小于500 mm时,应采取封堵措施。当垂直洞口短边边长大于或等于500 mm时,应在临空一侧设置高度不小于1.2 m的防护栏杆,并应采用密目式安全立网或工具式栏板封闭,设置挡脚板。

2 当非竖向洞口短边边长为250~500 mm时,应采用承载力满足使用要求的盖板覆盖,盖板四周搁置应均衡,且应防止盖板移位。

3 当非竖向洞口短边边长为500~1 500 mm时,应采用盖板覆盖或防护栏杆等措施,并应固定牢固。

4 当非竖向洞口短边边长大于或等于1 500 mm时,应在洞口作业侧设置高度不小于1.2 m的防护栏杆,洞口应采用安全平网封闭。

5 采用平网防护时,严禁使用密目式安全立网代替平网使用。

5.9.2 临边防护应符合规范要求。

1 坠落高度基准面2 m及以上进行临边作业时,应在临空一侧设置防护栏杆,并应采用密目式安全立网或工具式栏板封闭。

2 施工的楼梯口、楼梯平台和梯段边,应安装防护栏杆;外设楼梯口、楼梯平台和梯段边还应采用密目式安全立网封闭。

3 建筑物外围边沿处,对没有设置外脚手架的工程,应设置防护栏杆;对有外脚手架的工程,应采用密目式安全立网全封闭。密目式安全立网应设置在脚手架外侧立杆上,并应与脚手杆紧密连接。

4 施工升降机、龙门架和井架物料提升机等的停层平台两侧边,应设置防护栏杆、挡脚板,并应采用密目式安全立网或工具式栏板封闭。

5 停层平台口应设置高度不低于1.8 m的楼层防护门,并应设置防外开装置。井架物料提升机通道中间,应分别设置隔离设施。

5.9.3 有限空间防护应符合规范要求。

1 在地下室、管道井、容器内部、污水池、化粪池、沼气池、腌渍池、纸浆池、市政管道等各类有限空间作业时,严格执行"先通风、再检测、后作业"的原则,未经通风和检测,严禁作业人员进入有限空间作业。

2 必须采取可靠隔断(隔离)措施,将有限空间与其他可能危及安全作业的管道或其他空间隔离。实施有限空间作业前和作业过程中,应采取强制性持续通风措施降低危险,保持空气流通,严禁用纯氧进行通风换气。

3 有限空间作业应有足够的照明,照明灯具应符合规范要求;存在可燃性气体的有限空间,所有的电气设备设施及照明应符合防爆要求。

4 在缺氧或存在有毒物质(气体)的有限空间作业时,应佩戴隔离式防护面具;在易燃易爆的有限空间作业时,应穿防静电工作服、工作鞋,使用防爆型工具(照明);在有酸碱等腐蚀性介质的有限空间作业时,应穿戴好防酸碱工作服、工作鞋、手套等防护品;在产生噪声的有限空间作业时,应佩戴耳塞或耳罩等防噪声护具。

5 中毒窒息事故发生后,在没有弄清致害因素,也没有采取可靠个人防护措施的情况下,严禁盲目施救,应在做好个人防护措施的情况下现场紧急施救,同时报告上级请求专业救援。

5.9.4 大模板作业防护应符合规范要求。

1 吊装大模板应设专人指挥,模板起吊应平稳,不得偏斜和大幅度摆动;操作人员应站在安全可靠处,严禁施工人员随同大模板一同起吊;被吊模板上不得有未固定的零散件;应确认大模板固定或放置稳固后方可摘钩。

2 大模板起吊前应进行试吊,当确认模板起吊平衡、吊环及吊索安全可靠后,方可正式起吊。

3 大模板应支撑牢固、稳定。支撑点应设在坚固可靠处,不得与作业脚手架拉结。

4 大模板的拆除应按"先支后拆、后支先拆"的顺序;当拆除对拉螺栓时,应采取措施防止模板倾覆;严禁操作人员站在模板上口晃动、撬动或锤击模板;起吊大模板前应确认模板和混凝土结构及周边设施之间无任何连接。

5　大模板存放时,有支撑架的大模板应满足自稳角要求;当不能满足要求时,应采取稳定措施。无支撑架的大模板,应存放在专用的存放架上;当大模板临时存放在施工楼层上时,应采取防倾覆措施;不得沿外墙周边放置,应垂直于外墙存放。

5.9.5　人工挖孔桩作业防护应符合规范要求。

1　孔内必须设置应急软爬梯供人员上下;使用的电葫芦、吊笼等应安全可靠,并配有自动卡紧保险装置,不得使用麻绳和尼龙绳吊挂或脚踏井壁凸缘上下;电葫芦宜用按钮式开关,使用前必须检验其安全起吊能力。

2　每日开工前必须检测井下的有毒、有害气体,并应有相应的安全防范措施;当桩孔开挖深度超过 10 m 时,应有专门向井下送风的设备,风量不宜少于 25 L/s。

3　孔口四周必须设置护栏,护栏高度宜为 0.8 m。

4　挖出的土石方应及时运离孔口,不得堆放在孔口周边 1 m 范围内,机动车辆的通行不得对井壁的安全造成影响。

5　施工现场的一切电源、电路的安装和拆除必须遵守规范要求。

5.10　轨道交通暗挖隧道及盾构施工安全

5.10.1　竖井施工

1　作业场地应设置截、排水设施,施工区域及周边应排水良好,不得有积水。

2　竖井开挖应设置锁口圈梁。井口周围应设置高度不低于 1.2 m 安全栅栏和安全门,挂设醒目的安全警示标识。

3　竖井周围渣土仓应与井口保持一定的安全距离,严格控制渣土堆放高度,并应及时外运,严禁在井口周边超限堆放。

4　竖井开挖时应严格控制开挖进尺、及时施工初期支护,保证初期支护及时封闭。

5　做好竖井开挖面水平收敛和地层稳定性的超前地质预报和监控量测。

6　竖井内应设置集水井,并安设抽排水设备,以便积水时能及时排除。

7　竖井开挖一定深度后应设置送风管,保证竖井内空气新鲜。

8　竖井开挖期间如遇存在有害气体的地层,应及时进行有害气体监测。

9　井内潮湿时,施工照明应使用安全电压和应急照明。

10　当竖井施工期间发生支护结构严重变形、局部坍塌、突水时,施工人员应立即撤出,并进行事故报告。竖井内必须设置应急逃生通道,可设置绳梯。

5.10.2　洞口工程

1　洞口施工前,先清理洞口上方及侧方可能滑塌的危石等。洞口截、排水系统应在进洞前完成,并与路基排水顺接。

2　洞口施工应采取措施保护周围建(构)筑物、洞口附近交通道路。

3　洞口边坡、仰坡上方应设防护栏杆,防护栏杆离开挖线距离不小于1 m,并挂设安全警示标识、标牌。洞口施工应对边坡、仰坡变形进行监测。

4　洞口开挖应按"先支护后开挖,自上而下分层开挖、分层支护"的原则进行;不得掏底开挖或上下重叠开挖。陡峭、高边坡的洞口应根据设计和现场需要设安全棚、防护栏杆或安全网,危险段应采取加固措施。

5　洞口开挖宜避开雨季、融雪期及严寒季节。

5.10.3　洞身开挖

1　应根据隧道长度、断面大小、结构形式、工期要求、机械设备、地质条件、围岩等级、设计要求等,选择适宜的开挖方案。采用全断面法、台阶法、CD法、CRD法、导洞法等施工方法开挖,应满足设计及相关规范要求。

2　施工中须严控隧道开挖进尺及安全步距。台阶法施工上台阶每循环开挖进尺不应大于1榀钢架间距。台阶下部断面一次开挖长度与上部断面相同,也不应大于一榀钢架间距。台阶法上下台阶开挖工作面应保持 3~5 m 距离。

3　全断面施工时,地质条件较差地段应对围岩进行超前支护或预加固。双侧壁导坑法施工时,左右导坑前后距离不宜小于 15 m,导坑与中间土体同时施工时,导坑应超前 30~50 m。

4　仰拱应分段开挖,限制分段长度,控制仰拱开挖与掌子面的距离;开挖后应立即施作初期支护。

5　栈桥等架空设施基础应稳固;桥面应做防侧滑处理;两侧应设限速警示标志,车辆通过速度不得超过 5 km/h。

6　涌水段开挖宜采用超前钻孔探水,查清含水层赋水性、补给条件、涌水量等情况,制定突涌地下水灾害防治预案。

5.10.4　初期支护

1　当围岩地质条件较差时应选择超前支护及掌子面预加固等措施。

2　初期支护应合理选择喷射混凝土、锚杆、钢格栅、钢筋网、连接筋等组合支护型式,支护型式及施工工艺参数应在综合分析围岩类型、断面尺寸、隧道埋深、初始应力场等各种因素的基础上合理确定。

3　做好洞内拱顶沉降和硐室水平收敛的监控量测工作。建设单位应委托第三方监测单位制定完善的隧道监测方案,对隧道开展全面观测工作。

4　喷射混凝土前应清除工作面松动的岩石,确认作业区无塌方、落石等危险源存在;施工过程中喷嘴前及喷射区严禁站人;喷嘴在使用与放置时均不得对着人,喷射下风向不得有人。

5　喷射混凝土作业中如发生输料管路堵塞或爆裂时,必须依次停止投料、送风和供水。喷射混凝土作业人员应佩戴防尘口罩、防护眼镜、防护面罩等防护用具。

6　作业平台稳定牢固、安全防护到位,作业时应照明充足;锚杆安设后不得随意敲击,其端部在锚固材料终凝前不得悬挂重物。

7　钢拱架搬运应固定牢靠,防止发生碰撞和掉落;架设时不得利用装载机作为作业平台;钢架节段之间应及时连接牢固,防止倾倒,钢架背后的空隙必须用喷射混凝土充填密实,钢架安装完成后应及时施工锁脚锚管,并与之连接牢固,钢架底脚严禁悬空或置于虚碴上。

8 仰拱超前拱墙混凝土施工的超前距离,宜保持3倍以上衬砌循环作业长度。仰拱和底板混凝土强度达到设计强度100%后方可允许车辆通行。

5.10.5 衬砌作业

1 软弱围岩及不良地质隧道的二次衬砌应及时施作;工作台车需专项设计、验收。

2 防水板的临时存放点应设置消防器材及防火安全警示标志;施工时严禁吸烟,作业面的照明灯具严禁烘烤防水板。

3 钢筋焊接作业时应在防水板一侧设阻燃挡板,衬砌钢筋安装过程中应采取临时支撑等防倾倒措施,临时支撑应牢固可靠并有醒目的安全警示标志。

4 衬砌台车应经专项设计,衬砌台车、台架组装调试完成后应组织验收。台车内轮廓两端设反光贴,操作平台满铺脚手板,设楼梯,临边设1.2 m高防护栏杆。

5 台车轨道基面应坚实平整,严禁一侧软一侧硬;台车移动过程中,应缓慢平稳,严禁生拉硬拽。台车就位后,应用靴铁刹住车轮。

6 浇筑混凝土前,应逐个检查千斤顶,确保每个丝杠已拧紧,每个液压千斤顶已卸压。

7 混凝土浇筑过程中,应控制浇注速度,对称浇注,两侧混凝土高差不得超过1 m;挡头板与防水板、台车间接触面应紧密,挡板支撑应稳固。

8 拆除拱架、墙架和模板时,承受围岩压力的拱、墙及封顶和封口的混凝土强度应满足设计要求;不承受外荷载的拱、墙混凝土强度应达5.0 MPa。

5.10.6 隧道内供风、供电、给排水

1 隧道内电力线路应采用220/380 V三相五线系统,按照“高压在上、低压在下,干线在上、支线在下,动力在上、照明在下”的原则,在隧道一侧分层架设,线间距为150 mm。电力线路采用胶皮绝缘导线,每隔15 m用横担和绝缘子固定。110 V以下线路距地面不小于2 m,

380 V 线路距地面不小于 2.5 m。作业地段照明电压不得大于 36 V,成洞地段照明电压可采用 220 V,应急照明灯宜不大于 50 m 设置一个。

2 隧道内通风管与水管布设在与电力线路相对的一侧,通风管距离地面不宜小于 2.5 m。隧道掘进长度超过 150 m 时,应采用机械通风,通风机应装有保险装置,发生故障时可自动停机。送风式通风管距掌子面不宜大于 15 m,排风式通风管距掌子面不宜大于 5 m。

3 施工供水的蓄水池不得设于隧道正上方,且应设有防渗漏措施、安全防护措施和安全警示标。寒冷地区冬期施工时,应有防冻措施。

4 高压风、水管及排水管采用法兰盘连接,每隔 10 m 采用角钢支架固定在隧道边墙上。

5.10.7 地铁盾构施工安全

1 施工准备阶段

(1)施工前,根据工程的地质条件、隧道断面大小、工作井围护结构形式、周围环境等因素,对盾构工作井端头进行合理加固。掘进前,应监测加固体的强度、抗渗性能,合格后方可始发掘进。

(2)盾构设备吊装应根据盾构设备部件的最大重量和尺寸选用吊装符合安全要求的设备。起吊前,对吊具和钢丝绳的强度、地基吊装承载力、盾构工作井结构、地下管线等进行验算校核,并根据验算结果采取相应的加固措施。吊装作业时,各大型部件应选择合理的吊点吊运,吊装应平稳,严禁起吊速度过快和吊件长时间在空中停留,吊装作业应由专人负责指挥。

(3)盾构组装完成后,应对各项系统进行空载调试后再进行整机空载调试。

(4)盾构机后配套设备选型应满足隧道长度、转弯半径、坡度、列车编组荷载等指标的安全要求。

(5)隧道内各个后配套系统必须布置合理,机车运输系统、人行系统、配套管线在隧道断面上布置必须保持必要的安全间距,严禁发生交叉。机车车辆距隧道壁、人行通道栏杆及隧道其他设施不得小于 20 cm,人行走道宽度不得小于 70 cm。

2　盾构始发

(1)始发前必须验算盾构反力架及其支撑的刚度和强度,反力架必须牢固地支撑在始发井结构上。

(2)始发前必须对刀盘不能直接破除的洞门围护结构进行拆除。拆除前应确认工作井端头地基加固和止水效果良好;拆除时,应将洞门围护结构分成多个小块,从上往下逐个依次拆除,拆除作业应迅速连续。

(3)洞门围护结构拆除后,盾构刀盘应及时靠上开挖面。

(4)盾构始发时,必须在洞口安装密封装置,并确保密封止水效果。盾尾通过洞口后,应立即进行二次注浆,尽早稳定洞口。

(5)盾构始发时,必须采取措施防止盾构扭转和保持始发基座稳定。

(6)盾构始发时,千斤顶顶进应均匀,防止反力架受力不均而倾覆。

(7)负环管片脱出盾尾后,立即对管片环向进行加固。

3　盾构掘进

(1)盾构掘进应根据不同的地质情况、施工监测结果、试掘进经验等因素选用合适的掘进参数。

(2)土压平衡盾构掘进时,应使开挖土体充满土仓,排土量与开挖量相平衡。

(3)泥水平衡盾构掘进时,应保持泥浆压力与开挖面的水土压力相平衡及排土量与开挖量相平衡。

(4)盾构掘进时应控制姿态,推进轴线应与隧道轴线保持一致,减少纠偏。实施纠偏应逐环、少量纠偏,严禁过量纠偏扰动周围地层。应防止盾构长时间停机。

(5)盾构通过河、湖地段时应详细查明工程地质、水文地质条件和河床状况,设定适当的开挖面压力,加强开挖面管理与掘进参数控制,防止冒浆和地层坍塌。

(6)下穿或近距离通过既有建(构)筑物、地下管线前,应根据实际情况对其地基或基础进行加固处理,并控制掘进参数,加强沉降、倾斜观测。

(7)小半径曲线段隧道施工时,应制定防止盾构后配套台车和编组列车脱轨或倾覆的措施。

(8)大坡度地段施工时,必须制定机车和盾构后配套台车防溜措施。

4　盾构接收

(1)盾构到达前应拆除洞门围护结构,拆除前应确认接收工作井端头地基加固与止水效果良好,拆除时应控制凿除深度。

(2)盾构到达前,必须在洞口安装密封装置,并确保密封止水效果。

(3)盾构距达到接收工作井 10 m 内,应调整掘进参数、开挖压力等参数,减少推力、降低推进速度和刀盘转速,控制出土量并监视土仓内压力。

(4)增加地表沉降监测的频次,并及时反馈监测结果指导施工。

(5)隧道贯通前 10 环管片应设置管片纵向拉紧装置。贯通后,应快速顶推并迅速拼装管片。

(6)隧道贯通前 10 环管片应加强同步注浆和即时注浆,盾尾通过洞口后应及时密封管片环与洞门间隙,确保密封止水效果。

5　盾构过站、调头及解体

(1)盾构过站、调头及解体时应确保过站、调头的托架或小车有足够的强度和刚度。

(2)盾构过站、调头应由专人指挥,专人观察盾构转向或移动状态。应控制好盾构调头速度,并随时观察托架或小车是否有变形、焊缝开裂等情况。

(3)在举升盾构机前,应保证液压千斤顶可靠,千斤顶举升应保持同步,举升平稳。

(4)牵引平移盾构应缓慢平稳,工作范围内严禁人员进入,钢丝绳应安全可靠。

(5)盾构解体前,必须关闭各个系统并对液压空气和供水系统释放压力。

(6)盾构解体时,各个部件应支撑牢固。高处作业应有可靠的安全保护措施。

6　洞门、联络通道施工

(1)洞门负环拆除前,应对洞口采取二次注浆等措施,确保洞口周围土体强度和止水性能。

(2)联络通道施工前,必须对联络通道开挖范围及上方地层进行有效的加固。

(3)拆除联络通道交叉口管片前,必须对管片壁后土体和联络通道处管片进行加固。

(4)隧道内施工平台在断面布置上应与机车运输系统保持必要的安全距离,严禁发生交叉。

7　开仓换刀

(1)开仓作业前应对选定的开仓位置进行地质环境风险识别,选择开仓作业方式,编制开仓作业专项方案。

(2)开仓作业时,应对仓内持续通风,仓内气体条件应符合规范要求。

(3)开仓作业时,应做好地面沉降、工作面的稳定性、地下水量及盾构姿态的监测和反馈。

(4)严禁仓外作业人员进行转动刀盘、出渣、泥浆循环等危及仓内作业人员安全的操作。

(5)撤离开挖仓前,应确认工具全部带出。

(6)作业人员进仓工作时间符合《盾构法隧道施工及验收规范》(GB 50446)的规定。

(7)当盾构处于稳定的地层时,可在常压下直接进入开挖仓作业,需实施气压作业时,盾构设备应满足带压进仓作业的要求。

(8)气压作业开仓前,应确认地层条件满足气体保压的要求,不得在无法保证气体压力的条件下实施气压作业。

8　电瓶充电

(1)电瓶充电工应经过专业培训,持证上岗,必须掌握本作业范围内的电气安全知识和触电急救方法,电瓶应设专用的充电池雨棚,充电房应设置防护栏。

(2)充电工须穿戴安全防护服装、护目镜、口罩、耐腐蚀手套、耐腐蚀劳保鞋等。

(3)充电前,应检查电瓶有无破裂或漏出电解液。充电或检查电瓶时严禁将金属工具等物件放在电瓶上,以防电瓶短路而引起爆炸;充电使用的导电夹子必须夹紧,以免松动发生火花;充电时的电压、电流不允许超过工艺规定值,电解液的温度不得超过 55 ℃。

(4)充电结束后放好电线,切断电源,并复查导线接头位置,防止错接引起燃烧;清扫、整理好作业现场,记好交接班记录,确认无问题后,方可离开。

5.11 其　他

5.11.1　建筑幕墙安装作业应符合规范及专项施工方案的要求。

1　幕墙安装施工应符合规范要求。

2　安装施工机具在使用前,应进行严格检查。电动工具应进行绝缘电压试验;手持玻璃吸盘及玻璃吸盘机应进行吸附重量和吸附持续时间试验。

3　采用外脚手架施工时,脚手架应经过设计,并应与主体结构可靠连接。采用落地式钢管脚手架时,应双排布置。

4　当高层建筑的玻璃幕墙安装与主体结构施工交叉作业时,在主体结构的施工层下方应设置防护网;在距离地面约 3 m 高度处,应设置挑出宽度不小于 6 m 的水平防护网。

5　采用吊篮施工时,应符合下列要求:

(1)吊篮应经过设计,使用前应进行安全检查。

(2)吊篮不应作为竖向运输工具,并不得超载。

(3)不应在空中进行吊篮检修。

(4)吊篮上的施工人员必须系安全带。

6　现场焊接作业时,应采取防火措施。

5.11.2　装配式建筑预制混凝土构件安装作业应符合规范及专项施工

方案的要求。

1　预制构件吊运应符合下列规定：

(1)应根据预制构件的形状、尺寸、重量和作业半径等要求选择吊具和起重设备，所采用的吊具和起重设备及其操作，应符合规范及产品应用技术手册的规定。

(2)吊点数量、位置应经计算确定，应保证吊具连接可靠，应采取保证起重设备的主钩位置、吊具及构件重心在竖直方向上重合的措施。

(3)吊索水平夹角不宜小于60°，不应小于45°。

(4)应采用慢起、稳升、缓放的操作方式，吊运过程中应保持稳定，不得偏斜、摇摆和扭转，严禁吊装构件长时间悬停在空中。

(5)吊装大型构件、薄壁构件或形状复杂的构件时，应使用分配梁或分配桁架类吊具，并应采取避免构件变形和损伤的临时加固措施。

(6)预制构件在吊装过程中，宜设置缆风绳控制构件转动。

2　预制构件存放应符合下列规定：

(1)存放场地应平整、坚实，并应有排水措施。

(2)应合理设置垫块支点位置，确保预制构件存放稳定，支点宜与起吊点位置一致。

(3)预制构件多层叠放时，每层构件间的垫块应上下对齐；预制楼板、叠合板、阳台板和空调板等构件宜平放，叠放层数不宜超过6层；长期存放时，应采取措施控制预应力构件起拱值和叠合板翘曲变形。

(4)预制柱、梁等细长构件宜平放且用两条垫木支撑。

(5)预制内外墙板、挂板宜采用专用支架直立存放，支架应有足够的强度和刚度，薄弱构件、构件薄弱部位和门窗洞口应采取防止变形开裂的临时加固措施。

3　安装作业开始前，应对安装作业区进行围护并做出明显的标识，拉警戒线，根据危险源级别安排旁站，严禁与安装作业无关的人员进入。

4　施工作业使用的专用吊具、吊索、定型工具式支撑、支架等，应进行安全验算，使用过程中进行定期、不定期检查，确保其安全状态。

5　吊装作业安全应符合下列规定：

(1)预制构件起吊后,应先将预制构件提升 300 mm 左右后,停稳构件,检查钢丝绳、吊具和预制构件状态,确认吊具安全且构件平稳后,方可缓慢提升构件。

(2)吊机吊装区域内,非作业人员严禁进入;吊运预制构件时,构件下方严禁站人,应待预制构件降落至距地面 1 m 以内后方准作业人员靠近,就位固定后方可脱钩。

(3)高空应通过缆风绳改变预制构件方向,严禁高空直接用手扶预制构件。

(4)遇到雨、雪、雾天气,或者风力大于 5 级时,不得进行吊装作业。

5.11.3 起重吊装、钢结构、网架和索膜结构安装作业应符合规范及专项施工方案的要求。

1 起重吊装

(1)起重吊装作业必须编制专项施工方案,经审批同意后按方案实施。需要专家论证的,应按有关规定组织论证后实施。

(2)起重司机、指挥及司索工应持特种作业操作证上岗,遵守"十不吊"规定。

(3)起重设备的通行道路、工作场所应平整,承载力应满足设备通行和工作要求。

(4)起重机靠近架空输电线路作业或在架空输电线路下行走时,与架空输电线路的安全距离应符合现行行业标准《施工现场临时用电安全技术规范》(JGJ 46)和其他相关标准的规定。

(5)起重吊装作业前,应检查起重设备、吊索具,确保其完好,并符合安全要求。钢结构吊装应使用专用索具。

(6)暂停作业时,对吊装作业中未形成稳定体系的部分,必须采取临时固定措施。

(7)对临时固定的构件,必须在完成永久固定,并经检查确认无误后,方可解除临时固定措施。

(8)钢柱吊装前应装配钢爬梯和防坠器。钢柱就位后柱脚处使用垫铁垫实,柱脚螺栓初拧,钢柱四个方向上使用缆风绳拉紧,锁好手动葫芦,拧紧柱脚螺栓后方可松钩。形成稳定框架结构后方可拆除缆风绳。

(9)钢梁吊装前必须安装好立杆式双道安全绳。钢梁就位后使用临时螺栓进行栓接,临时连接螺栓数量不少于安装孔数量的1/3,且不少于2个,临时螺栓安装完毕后方可松钩。

(10)吊装第一榀屋架时,应在其上弦杆设置缆风绳作为临时固定。缆风绳应采用两侧布置,每边不得少于2根。当跨度大于18 m时,应增加缆风绳数量,间距不得大于6 m。

2　钢结构整体吊装

钢结构整体吊装除遵守钢梁、钢柱吊装安装的安全要求外,还应符合以下规定:

(1)起重机械设备工作位置的地基承载力应符合专项施工方案及规范的要求。

(2)整体吊装前,检查起重设备、吊索具及吊点的可靠性,在计算的吊点位置做出标记。

(3)整体就位后,螺栓连接数量符合设计要求后方可松钩。

3　网架、连廊整体提升

(1)提升作业前必须编制专项施工方案,经审批同意后按方案实施。需要专家论证的,应按有关规定组织论证后实施。

(2)提升作业前应检查提升支撑结构及其基础是否符合专项施工方案的要求。

(3)按照方案检查提升装置、牛腿、焊缝等的可靠性,确认无误后方可进行提升,提升应采用同步升降控制装置。

(3)正式提升前应进行预提升,分级加载过程中,每一步分级加载完毕后,均应暂停并检查,如提升平台、连接桁架及下吊点加固杆件等加载前后的应力变形的情况,以及主框架柱的稳定性等。

(4)分级加载完毕,连体钢结构提升离开拼装胎架约10 cm后暂停,全面检查各设备运行及结构体系的情况。

(5)后装杆件全部安装完成后,方可进行卸载工作,卸载按照方案缓慢分级进行,并根据现场卸载情况调整,直至钢绞线彻底松弛。

(6)在提升过程中,应指定专人观察钢绞线的工作情况,密切观察结构的变形情况。若有异常,直接通知指挥控制中心。

(7)提升作业时,禁止交叉作业。提升过程中,未经许可不得擅自进入施工现场。

4 索膜施工

(1)索膜施工前必须编制专项施工方案,经审批同意后按方案实施。需要专家论证的,应按有关规定组织论证后实施。

(2)吊装时要注意膜面的应力分布均匀,必要时可在膜上焊接连续的“吊装搭扣”,用两片钢板夹紧搭扣来吊装;焊接“吊装搭扣”时要注意其焊接的方向,以保证吊装时焊缝处是受拉的,避免焊缝受剥离。

(3)吊装时的移动过程应缓慢、平稳,并有工人从不同角度以拉绳协助控制膜的移动;大面积膜面的吊装应选择在晴朗无风的天气进行,风力大于3级或气温低于4 ℃时不宜进行安装。

(4)吊装就位后,要及时固定膜边角;当天不能完成张拉的,要采取相应的安全措施,防止夜间大风或因降雨积水造成膜面撕裂。

(5)整个安装过程中要严格按照施工技术设计进行;作业过程中安装指导人员要经常检查整个膜面,密切监控膜面的应力情况,防止因局部应力集中或超张拉造成意外。高空作业时,要确保人身安全。

5.11.4 自然灾害及极端天气安全措施

1 管理措施

(1)关注气象部门的天气预报和行业主管部门下发的通知,企业或项目第一责任人应高度重视,立即召开应急动员部署会,安排落实各项应急准备工作,施工单位主要负责人应组织人员到所属各项目进行专项安全检查,查看各项准备工作落实情况。

(2)积极听从当地政府的安排,对接项目当地的社区和街道,熟悉各项目附近政府安排的应急资源和避难场所,并储备各种应急和抢险物资。

(3)公司和各项目层面均要成立抢险救灾领导组织机构,成立应急抢险队伍,并对抢险人员进行必要的身体健康状态筛查,组织抢险救灾人员进行专项安全教育和技能培训,提高抢险救灾人员的自我保护能力。

2　脚手架工程应对措施

(1)在恶劣天气到来前,应加密连墙杆,逐一检查,确保完好。

(2)拆除外脚手架上的安全网,减少风荷载对外架结构安全的影响。

(3)对于落地架或悬挑架,提前拆除高于主体结构的部分架体;对于附着式升降脚手架,可将整体提升架下降一层,并做好与结构加固的措施,防止架体上翻。

(4)做好架体基础排水工作,防止因积水浸泡产生架体不均匀沉降。

3　大型设备应对措施

(1)恶劣天气到来前,检查塔吊地脚螺栓、标准节螺栓的紧固情况,不足时立即进行加固整改。

(2)检查塔吊附墙螺栓是否紧固,塔吊附着装置是否符合要求。

(3)清理和拆除塔吊上所有标语、横幅、备用螺栓等易坠落物体。

(4)采用降低塔吊自由端高度的防台风措施,也可采用安装缆绳等措施。

(5)了解行走式塔机夹轨器允许的最大允许风力等级。若使用地锚抗风防滑,应按说明书的方法执行。

(6)应切断塔机供电电源线路。将电缆两端分别和驾驶室、塔身底部配电箱分离。

(7)在强风到来前,塔机平衡臂覆盖范围的学校、幼儿园及医院、车站、客运码头、商场、体育场馆等公众聚集场所,应实行告知制度,让相关人员知晓强风期间可能存在的风险和躲避方法。

(8)应将变幅小车收回到最小幅度处、吊钩收回到最高位置处。

(9)平衡臂上的电阻箱、电气柜等应固定牢靠,露天的电控箱、电机等电气设备及液压泵应采取防雨措施。

(10)必须保证臂架能在非工作状态下自由随风转动,严禁锁死回转机构、锁住臂架,对常闭式回转制动器,应检查其是否能有效打开。

(11)施工电梯停靠在一层,锁上电梯门,贴上封条和禁止运行告示,切断电源,并将二级箱贴上封条和禁止启用告示。

4　高温应对措施

(1)各级单位应根据职责,制定并落实相关保障高温天气安全生产的工作方案和要求。

(2)各单位应积极关注气象部门的天气预报和高温预警信息。根据高温情况,调整工人作息时间,减少高温露天作业,减少高处作业及密闭环境施工。确有必要在高温环境下施工的,必须做好通风、降温等防范措施,安排人员进行监护看守,并及时换岗轮休,防止中暑。

(3)高温期间应开展一次对从业人员的体检和筛查,对不适合从事高空、高温、密闭作业的人员要立即进行调整。

5　冬季施工应对措施

(1)通道:主要通道及楼梯应畅通,并设置防滑措施;雨雪天气后应及时清理道路的积雪和霜冻。

(2)冬季措施:采取保温措施时必须注意防火,推荐使用工具化升温设备,提倡为作业人员配备防寒型安全帽和手套、棉服等防寒取暖装备。

(3)高处作业:登高人员必须系安全带、穿防滑鞋、戴防护手套;大风、雨雪天气时禁止室外登高作业。

(4)外脚手架:拉结点应固定可靠,安全网绑扎牢固,不使用竹笆等易燃物作为脚手板和隔离物在外架上使用。

(5)外墙保温板施工:每日收捡落地保温板碎料,防止形成易燃物堆积。吊篮安全绳和安全钢丝绳应增设配重块,防止大风吹搅带来的安全隐患。

(6)监测:基础设施项目的高架桥梁、地下暗挖通道、隧道等施工要做好各项监测及验收工作,防范冬季施工带来的不利影响。

(7)冬休前,项目应对施工现场、临建、设备等全面检查、记录,消除安全隐患,并做好消防保卫工作;冬休后,应由企业组织开展节后复工全面检查,要求项目对从业人员做好节后安全教育和交底,检查和教育交底合格后方可复工。

5.11.5　临时用房建筑面积之和大于1 000 m^2 或在建工程单体体积大于10 000 m^3 时,应设置临时室外消防给水系统。当施工现场处于市政消防栓150 m保护范围内,且市政消防栓的数量满足室外消防用水量要求时,可不设置临时室外消防给水系统。

5.11.6　施工单位应当在施工现场显著位置公告危大工程的名称、施工时间和具体责任人员,并在危险区域设置安全警示标志。

5.11.7　生产安全事故应急管理

生产经营单位应当加强生产安全事故应急工作,建立、健全生产安全事故应急工作责任制,其主要负责人对本单位的生产安全事故应急工作全面负责。

1　应急准备

生产经营单位应当针对本单位可能发生的生产安全事故的特点和危害,进行风险辨识和评估,制定相应的生产安全事故应急救援预案,并向本单位从业人员公布。

2　生产安全事故应急救援预案应当符合有关法律、法规、规章和标准的规定,具有科学性、针对性和可操作性,明确规定应急组织体系、职责分工及应急救援程序和措施。

有下列情形之一的,生产安全事故应急救援预案制定单位应当及时修订相关预案:

(1)制定预案所依据的法律、法规、规章、标准发生重大变化。

(2)应急指挥机构及其职责发生调整。

(3)安全生产面临的风险发生重大变化。

(4)重要应急资源发生重大变化。

(5)在预案演练或者应急救援中发现需要修订预案的重大问题。

(6)其他应当修订的情形。

3　建筑施工单位应当至少每半年组织1次生产安全事故应急救援预案演练,并将演练情况报送所在地县级以上地方人民政府负有安全生产监督管理职责的部门。

4　建筑施工单位应当建立应急值班制度,配备应急值班人员。

5.11.8　按照"事故原因未查清不放过、责任人员未处理不放过、整改措施未落实不放过、有关人员未受到教育不放过"的原则进行安全事故调查处理。

第6章 质量安全管理资料

6.1 质量管理资料

6.1.1 建筑材料进场检验资料

1 水泥

(1)收集产品合格证、有效的型式检验报告、出厂检验报告等质量证明文件。

(2)水泥进场时,应对其品种、代号、强度等级、包装或散装编号、出厂日期等进行检查,并按规范要求进行现场抽样检验,检验的指标应包括强度、安定性、凝结时间,收集抽样检验报告。

2 钢筋

(1)收集钢筋的产品合格证、出厂检验报告等质量证明文件。

(2)钢筋进场后,应进行外观质量检查,并按规范要求进行现场抽样检验,检验的指标应包括屈服强度、抗拉强度、伸长率、弯曲性能和重量偏差,收集抽样检验报告。

(3)对按一、二、三级抗震等级设计的框架和斜撑构件(含梯段)中的纵向受力普通钢筋应采用HRB335E、HRB400E、HRB500E、HRBF335E、HRBF400E或HRBF500E钢筋,其强度和最大力下总伸长率的实测值应符合规范要求,收集抽样检验报告。

3 钢筋焊接、机械连接材料

(1)收集钢筋焊接材料(包括焊条、焊丝、焊剂等)的产品合格证、出厂检验报告、进场复验报告。

(2)收集钢筋机械连接接头连接件的产品合格证、连接件原材料质量证明书、接头的有效型式检验报告。

4　砖、砌块

收集砖、砌块的产品合格证、出厂检验报告、进场复验报告。

5　预拌混凝土、预拌砂浆

(1)收集预拌混凝土的质量证明文件，包括混凝土配合比通知单、混凝土质量合格证、强度检验报告、混凝土运输单及合同规定的其他资料。

(2)收集预拌砂浆的产品合格证、型式检验报告、出厂检验报告、使用说明书；外观、稠度检验合格后，按规范要求进行复验，收集抽样检验报告。

6　钢结构用钢材、焊接材料、连接紧固材料

收集质量合格证明文件、中文标志、出厂检验报告，按相关标准进行抽样复验，收集抽样检验报告。

7　预制构件、夹芯外墙板

收集预制构件、主要材料及配件的质量证明文件、进场验收记录、抽样复验报告。

8　灌浆套筒、灌浆材料、坐浆材料

(1)收集灌浆套筒的产品合格证、出厂检验报告、型式检验报告。

(2)收集灌浆材料的产品合格证、使用说明书、产品质量检测报告、抽样检验报告。

(3)收集钢筋套筒灌浆接头的抗拉强度试验报告。

(4)收集坐浆材料的产品合格证、使用说明书、出厂检验报告。

9　预应力混凝土钢绞线、锚具、夹具

收集产品合格证、出厂检验报告、进场验收记录和抽样检验报告。

10　防水材料

收集产品合格证、性能检测报告、进场验收记录和抽样检验报告。

11　门窗

(1)收集门窗材料的产品合格证书、性能检验报告、进场验收记录和复验报告。

(2)按设计和规范要求对建筑外窗的气密性、水密性和抗风压性进行抽样复验，收集复验报告。

(3)收集门窗节能工程材料、构件的质量证明文件,节能性能标识证书、门窗节能性能计算书、门窗的传热系数等性能复验报告;对于有节能性能标识的门窗产品,可仅收集标识证书和玻璃的检测报告。

(4)收集特种门及其配件的生产许可文件。

12　外墙外保温系统的组成材料

(1)收集外墙外保温系统组成材料的产品合格证、中文说明书、相关性能检测报告、型式检验报告。

(2)按规范要求进行抽样复验,收集抽样检验报告。

13　装饰装修工程材料

(1)收集主要材料的产品合格证、性能检验报告、材料进场验收记录和抽样复验报告。

(2)收集室内用花岗石板的放射性、室内用人造木板的甲醛释放量的性能指标复验报告。

14　幕墙工程的组成材料

(1)收集幕墙工程所有材料、构件、组件、紧固件及其他附件的质量证明文件,包括产品合格证书、性能检验报告、商检证等。

(2)收集硅酮结构胶与其相接触材料的相容性和剥离黏结性试验报告,邵氏硬度、标准状态拉伸黏结性能复验报告。

15　低压配电系统使用的电缆、电线

(1)收集出厂合格证、出厂检测报告、材料进场验收记录及抽样检验报告。

(2)收集电线、电缆的绝缘性能检测报告。

16　空调与采暖系统冷热源及管网节能工程采用的绝热管道、绝热材料

(1)空调与采暖系统冷热源设备及其辅助设备、阀门、仪表、绝热材料等产品进场时,应按照设计要求对其类型、规格和外观等进行检查验收,并应对相关产品的技术性能参数进行核查,收集验收、核查记录。

(2)空调与采暖系统冷热源及管网节能工程的绝热管道、绝热材料进场时,应对绝热材料的导热系数、密度、吸水率等技术性能参数进行复验,收集复验报告。

17 采暖通风空调系统中节能工程采用的散热器、保温材料、风机盘管

(1)采暖系统中节能工程采用的散热设备、阀门、仪表、管材、保温材料等产品进场时,应按设计要求对其类型、材质、规格及外观进行验收,收集进场验收记录。

(2)收集产品和设备的质量证明文件、性能检测报告和相关技术资料、抽样复验报告。

18 防烟、排烟系统柔性短管

(1)防烟、排烟系统工程采用的设备、管材等产品进场时,应按设计要求对其类型、材质、规格及外观进行验收,形成验收记录,收集进场验收记录。

(2)防排烟系统的柔性短管的制作材料必须为不燃材料,收集材料燃烧性能检测报告。

19 建筑电气工程材料

(1)收集主要设备、材料、成品和半成品的进场验收记录。

(2)收集进口电气设备、器具和材料的质量合格证明文件、性能检测报告及安装、使用、维修、试验要求和说明等技术文件;对有商检规定要求的进口电气设备,应收集商检证明。

(3)若主要设备、材料、成品和半成品的进场验收需进行现场抽样检测或有异议的,应抽样送至有资质的实验室进行抽样检测,收集检测报告。

20 给水排水及采暖工程材料

收集主要材料、成品、半成品、配件、器具和设备的出厂合格证、进场验收记录。

21 智能建筑工程材料

(1)收集主要材料、设备的出厂产品合格证及技术文件。

(2)收集设备材料进场检验记录、设备开箱检验记录。

22 电梯工程材料

收集设备随机文件,含土建布置图、产品出厂合格证(门锁装置、限速器、安全钳及缓冲器的)型式试验证书复印件、装箱单、安装使用维护说明书及其他安装技术文件,进场验收记录。

6.1.2　施工试验检测资料

1　复合地基承载力检验报告及桩身完整性检验报告。

2　工程桩承载力及桩身完整性检验报告。

3　混凝土、砂浆抗压强度试验报告及统计评定。

4　钢筋焊接、机械连接工艺试验报告。

5　钢筋焊接、机械连接试验报告。

6　钢结构焊接工艺评定报告、焊缝内部缺陷检测报告。

7　高强度螺栓连接摩擦面的抗滑移系数试验报告。

8　地基、房心或肥槽回填土回填检验报告。

9　沉降观测报告。

10　填充墙砌体植筋锚固力检测报告。

11　结构实体检验报告。

12　外墙外保温系统型式检验报告。

13　外墙外保温粘贴强度、锚固力现场拉拔试验报告。

14　外窗的性能检测报告。

15　幕墙的性能检测报告。

16　饰面板后置埋件的现场拉拔试验报告。

17　室内环境污染物浓度检测报告。

18　风管强度及严密性检测报告。

19　管道系统强度及严密性试验报告。

20　风管系统漏风量、总风量、风口风量测试报告。

21　空调水流量、水温、室内环境温度、湿度、噪声检测报告。

22　装配式结构梁板类简支受弯预制构件的结构性能检验报告。

23　外墙节能构造的现场实体检验报告。

24　供暖节能工程、通风与空调节能工程、配电与照明节能工程系统节能性能检验报告。

25　智能建筑系统接地检测报告。

26　电梯安全装置检测报告。

6.1.3　施工记录

1　水泥进场验收记录及见证取样和送检记录。

2　钢筋进场验收记录及见证取样和送检记录。

3　混凝土、砂浆进场验收记录及见证取样和送检记录。

4　砖、砌块进场验收记录及见证取样和送检记录。

5　钢结构用钢材、焊接材料、紧固件、涂装材料等进场验收记录及见证取样和送检记录。

6　防水材料进场验收记录及见证取样和送检记录。

7　建筑节能工程材料、构件和设备进场验收记录及见证取样和送检记录。

8　桩基试桩、成桩记录。

9　混凝土施工记录。

10　冬期混凝土施工测温记录。

11　大体积混凝土施工测温记录。

12　预应力钢筋的张拉、安装和灌浆记录。

13　预制构件吊装施工记录。

14　钢结构吊装施工记录。

15　钢结构整体垂直度和整体平面弯曲度、钢网架挠度检验记录。

16　工程设备、风管系统、管道系统安装及检验记录。

17　管道系统压力试验记录。

18　设备单机试运转记录。

19　系统非设计满负荷联合试运转与调试记录。

6.1.4　质量验收记录

1　地基验槽记录

(1)地基验槽时,根据勘察、设计文件核对基坑的位置、平面尺寸、坑底标高,按规定要求进行触探并形成触探检验记录。

(2)勘察、设计、监理、施工、建设等各方相关技术人员应共同参加验槽,验槽完毕形成并填写验槽记录或检验报告,对存在的问题或异常情况提出处理意见。

2　桩位偏差和桩顶标高验收记录

(1)桩位偏差记录表应详细记录每一根桩的桩位位移方向和位移距离,并按记录桩顶标高偏差。

(2)桩位平面图上应注明桩位偏差值和桩顶标高偏差值。

(3)桩位偏差验收记录应由测量员填写,质量员、施工员校核签字,专业技术负责人核定签字,报监理(建设)单位代表复验确认并签字。

3 隐蔽工程验收记录

(1)现行规范所要求的所有隐蔽内容,均应按现场施工的情况逐条记录。

(2)隐蔽工程验收的内容应具体,结论应明确,验收签字手续应及时办理。

(3)各施工工序的隐蔽工程验收照片应同时收集。

4 检验批、分项、子分部、分部工程验收记录

(1)检验批容量、抽样数量应符合规范要求,检验批验收应有现场检查原始记录。验收不合格检验批,应按国家现行有关验收规范进行处理。

(2)分项工程的质量验收应在所含检验批全部验收合格的基础上进行。

(3)地基与基础分部工程验收应由建设、勘察、设计、施工单位项目负责人和总监理工程师参加并签字,主体结构、建筑节能分部工程验收应由建设、设计、施工单位项目负责人和总监理工程师参加并签字。

5 观感质量综合检查记录

(1)应有观感质量检查原始记录。

(2)采用现场观察、核对施工图、抽查测试等方法进行观感质量检查,并结合检查人的主观判断。

(3)根据检查结果应给出“好”“一般”“差”的质量评价,可由参加检查的各方协商确定;对质量评价为“差”的项目应进行返修。

6 单位工程质量控制资料核查记录

工程完工后应由施工单位项目技术人员填写资料自查份数和检查结论,施工单位技术负责人、监理单位监理工程师应如实填写核查意见,并签字。

7　单位工程安全和功能检验资料核查及主要功能抽查记录

涉及工程安全与主要功能项目,应在施工过程中进行检验并在竣工验收时进行核查及抽样检测。核查应做好记录,抽样检测应出具检测报告,并归档保存。

8　住宅工程质量分户验收记录

(1)分户工程验收前,应制定工程质量验收方案。分户验收的内容、数量、部位等应符合项目所在地建设主管部门的相关要求,每户的窗台高度、栏杆高度、开间净尺寸、室内净高的检查部位均应在平面图中予以明确标注,实测的结果应在检查部位明确标识。

(2)分户工程验收的文件和记录应齐全。

(3)由建设单位项目负责人、监理单位项目总监理工程师、施工单位项目经理参加验收并签字,已选定物业公司的,物业公司项目负责人也应参加验收并签字。

9　工程竣工验收记录

(1)由建设、勘察、设计、施工、监理等单位项目负责人参加验收,组成验收小组,形成验收意见并签字。

(2)综合验收结论应经参加验收各方共同商定。

6.1.5　竣工图

1　收集建筑、结构、建筑给排水与采暖、建筑电气、通风空调、智能建筑、规划红线以内的室外工程等专业竣工图。

2　竣工图的改绘及折叠应符合有关资料管理规程要求。

3　绘制竣工图应使用绘图工具、绘图笔或签字笔,不得使用圆珠笔或其他容易褪色的墨水笔绘制。

4　应在竣工图图标栏上方空白处加盖竣工图章,竣工图章各栏应签署齐全。

6.2　安全管理资料

6.2.1　危险性较大的分部分项工程资料

1　危险性较大的分部分项工程清单及相应的安全管理措施。

2 危险性较大的分部分项工程专项施工方案及审批手续。

3 危险性较大的分部分项工程专项施工方案变更手续。

4 专家论证相关资料。

5 危险性较大的分部分项工程方案交底及安全技术交底。

6 危险性较大的分部分项工程监理实施细则。

7 危险性较大的分部分项工程施工作业人员登记记录,项目负责人现场履职记录。

8 危险性较大的分部分项工程现场监督记录。

9 危险性较大的分部分项工程施工监测和安全巡视记录。

10 危险性较大的分部分项工程验收记录。

6.2.2 基坑工程资料

1 相关的安全保护措施。

2 监测方案及审核手续。

3 第三方监测数据及相关的对比分析报告。

4 日常检查及整改记录。

5 安全专项方案。

6 安全技术交底资料。

7 基坑安全验收资料。

8 属于危大工程或超过一定规模的危大工程的,安全管理资料应符合 6.2.1 条的规定。

6.2.3 脚手架工程资料

1 架体配件进场验收记录、合格证及扣件抽样复试报告。

2 日常检查及整改记录。

3 安全专项方案。

4 安全技术交底资料。

5 属于危大工程或超过一定规模的危大工程的,安全管理资料应符合 6.2.1 条的规定。

6.2.4 起重机械资料

1 起重机械特种设备制造许可证、产品合格证、备案证明、租赁合同及安装使用说明书。

2 起重机械安装单位资质及安全生产许可证、安装与拆卸合同及安全管理协议书、生产安全事故应急救援预案、安装告知、安装与拆卸过程作业人员资格证书及安全技术交底。

3 起重机械基础验收资料(包括基础混凝土强度报告)。安装(包括附着、顶升)后安装单位自检合格证明、检测报告及验收记录。

4 使用过程作业人员资格证书及安全技术交底、使用登记标志、生产安全事故应急救援预案、多塔作业防碰撞措施、日常检查(包括吊索具)与整改记录、维护和保养记录、交接班记录。

5 起重机械设备安装、拆除(包括附着、顶升)作业时现场监督记录及项目负责人现场履职记录。

6 建立机械使用台账,标明进场时间及退场时间。

6.2.5 模板支撑体系资料

1 架体配件进场验收记录、合格证及扣件抽样复试报告。

2 拆除申请及批准手续。

3 日常检查及整改记录。

4 属于危大工程或超过一定规模的危大工程的,安全管理资料应符合6.2.1条的规定。

6.2.6 临时用电资料

1 临时用电施工组织设计及审核、批准、验收手续。

2 电工特种作业操作资格证书。

3 总包单位与分包单位的临时用电管理协议。

4 临时用电安全技术交底资料。

5 配电设备、设施合格证及安装调试记录。

6 接地电阻、绝缘电阻、漏电保护器的动作参数测试记录。

7 电工安装、巡检、维修、拆除工作记录。

8 日常安全检查、整改记录。

6.2.7 施工消防资料

1 消防平面图。

2 消防安全教育与培训制度和培训记录。

3 可燃及易燃易爆危险品管理制度及台账。

4 消防安全检查制度及记录。

5 应急演练预案(制度)及演练记录。

6 施工现场用火、用电、用气管理制度。

7 施工单位编制的施工现场防火技术方案。

8 用火作业审批表。

6.2.8 安全防护资料

1 安全帽、安全带、安全网等安全防护用品的产品质量合格证。

2 有限空间作业审批手续。

3 日常安全检查、整改记录。

参考文献

[1] 住房和城乡建设部. 工程质量安全手册(试行)[M]. 北京:中国建筑工业出版社,2019.

[2] 李海峰,孙华波,周振鸿. 工程质量安全手册(试行)应用实务[M]. 北京:中国建筑工业出版社,2021.

[3] 河南省住房和城乡建设厅. 河南省工程质量手册(试行). 2019.

[4] 河南省住房和城乡建设厅.《工程质量安全手册(试行)》安全检查实施细则,2009.

[5] 安徽省住房和城乡建设厅. 安徽省工程质量安全手册实施细则(试行),2021.

[6] 河北省住房和城乡建设厅. 河北省工程质量安全手册实施细则(试行),2019.